建筑设计与施工管理研究

王玉芝　　王兆鹏　　司景磊　主编

哈尔滨出版社
HARBIN PUBLISHING HOUSE

图书在版编目（CIP）数据

建筑设计与施工管理研究 / 王玉芝，王兆鹏，司景
磊主编 . -- 哈尔滨：哈尔滨出版社，2023.1
　　ISBN 978-7-5484-6591-1

　　Ⅰ．①建… Ⅱ．①王… ②王… ③司… Ⅲ．①建筑设
计—研究②建筑施工—施工管理—研究 Ⅳ．① TU2
② TU71

　　中国版本图书馆 CIP 数据核字（2022）第 112178 号

书　　名：建筑设计与施工管理研究
　　　　　JIANZHU SHEJI YU SHIGONG GUANLI YANJIU

作　　者：王玉芝　王兆鹏　司景磊　主编
责任编辑：张艳鑫
封面设计：张　华
出版发行：哈尔滨出版社（Harbin Publishing House）
社　　址：哈尔滨市香坊区泰山路 82-9 号　邮编：150090
经　　销：全国新华书店
印　　刷：河北创联印刷有限公司
网　　址：www.hrbcbs.com
E - mail：hrbcbs@yeah.net
编辑版权热线：（0451）87900271　87900272
开　　本：787mm×1092mm　1/16　印张：12.5　字数：273 千字
版　　次：2023 年 1 月第 1 版
印　　次：2023 年 1 月第 1 次印刷
书　　号：ISBN 978-7-5484-6591-1
定　　价：68.00 元
凡购本社图书发现印装错误，请与本社印制部联系调换。
服务热线：（0451）87900279

前言 Preface

　　我国城市化建设的发展进程中，建筑作为一项重要的城市要素，对解决城市问题、彰显城市内涵都有着重要的意义。无论是住宅、商业楼，还是学校、政府楼等，这些建筑的设计不但要符合相应的需求，最重要的一点是要保障建筑物里人员的安全。建筑工程合理的设计指的是既要满足功能性，也要满足经济现状，所以建筑设计者需要将这两方面考虑进来，在图纸上标明细节，让施工人员注意墙柱、梁的选择，满足以上建筑需求。同时建筑设计工程师不断加强自身学习功能，减少自身设计产生的一系列问题，防止在建筑使用过程中出现问题，一旦出现或发现问题时，需要立即对该问题进行处理。提高建筑设计安全性。

　　在进行建筑施工之前首先要进行的就是施工设计工作，施工设计为建筑施工勾画出具体的蓝图，指导建筑施工有条不紊地进行。若建筑施工设计存在问题，势必会影响建筑施工的效果，难以达到人们的预期需求。为了解决这些问题需要不断加强自身设计标准，同时在设计上、图纸上保证建筑安全，避免因为这些问题产生严重后果，加强一些结构产生问题。所以相关人员在进行设计之初，就应该将多方面考虑进去，优化结构，控制整个建筑成本，保证建筑质量，促进时代发展才是我们建筑设计根本。

　　本书是一本关于建筑的专著，主要讲述的是建筑设计与建筑工程施工管理，首先讲述的是建筑以及建筑设计的概念；接着讲述了房屋建筑设计与工业建筑设计；最后讲述的是施工管理以及在施工管理中对 BIM 技术的使用。希望本书的讲解能够对读者产生一定的借鉴意义。

编委会

ontents 目录

第一章　绪论

第一节　建筑认知

一、什么是建筑

1.建筑及其范围

《易·系辞》中说"上古穴居而野处",意思是旧石器时代的先人们利用大自然的洞穴作为自己居住的处所,原始人为了遮风避雨、确保安全而构筑的巢穴空间可以被看作建筑的起源。随着阶级的产生,出现了宫殿、别墅、陵墓、神庙等建筑形式,由于生产力的发展,出现了商铺、工厂、银行、学校、火车站等建筑,而随着社会的不断演进,我们的身边出现了越来越多的新型建筑。

尼罗河东岸埃及卢克索神庙,是古埃及第十八五朝的第十九个法老艾米诺菲斯三世为祭奉太阳神阿蒙、他的妃子及儿子月亮神而修建的。

我国春秋末期齐国人编撰的《考工记》根据周礼对王城的营建与王官的布局做了论述,书中说:"匠人营国,方九里,旁三门。国中九经九纬,经涂九轨。左祖右社,面朝后市。"意思是王城每面边长九里,各有三个城门。城内纵横各有九条道路,每条道路宽度为"九轨"(一轨为八尺)。王宫居中,左侧为宗庙,右侧为社庙,前面是朝会之处,后面是市场。

英国伦敦的千年穹顶(Millennium Dome),位于泰晤士河边格林尼治半岛上,是英国为庆祝千禧年而建的标志性建筑,由理查德·罗杰斯事务所设计。

屋顶与柱、墙围成的空间成为住宅。廊道与房屋围成的空间成为庭院,这些空的部分供人们生活使用。

总的来说,建筑是构建一种人为的环境,为人们从事各种活动提供适宜的场所:起居、休息、用餐、购物、上课、科研、开会、就医、阅览、体育活动以及生产劳动,等等,都是在建筑中完成的,建筑是所有建筑物和构筑物的总称。因此建筑学的学习,必然要涉及诸多方面的知识。

近现代建筑理论认为,建筑的本质就是空间,正是由于建筑通过各种方式围合出可供人们活动和使用的空间,建筑才有了重要的意义,这一点我国古代的思想家老子在他的著作《道德经》第十一章里也有提及："凿户牖以为室，当其无，有室之用。故，有之以为利，无之以为用。"意思是说开凿门窗造房屋，有了门窗、四壁中空的空间，才有房屋的作用。所以"有"（门窗、墙、屋顶等实体）所给人们的"利"（利益、功利），是通过"无"（即所形成的空间）起作用的。

圣马可广场被拿破仑称为"欧洲最美丽的客厅"，是世界建筑史上城市开放空间设计的重要范例。

建筑除了有内部的"无"的空间，其自身还存在于周围的外部空间，比如街道广场、城市公园、河道等。这些外部空间受建筑与建筑、建筑与环境之间关系的影响，对于人们的生产生活也具有重要的意义。特别是对于建筑密度较高的城市来说，建筑外部空间与建筑内部空间的重要性是一样的，设计高质量的建筑外部空间也是建筑师重要的工作内容之一。

美国纽约中央公园位于曼哈顿区，是世界上著名的城市公园之一，是美国景观设计之父奥姆斯特德的代表作。

街道空间是城市生活重要的组成部分，也是同建筑关系最为紧密的外部空间之一。

同时，在我们的生活里也有一些特殊的建筑物，比如纪念碑、桥梁、水坝、城市标志物等，对于城市环境也有着重要的价值。

"廊桥"就是有屋檐的桥，可供旅人休息躲避风雨。

2. 建筑的基本属性

同样是供人居住的住宅，为什么会呈现出不同的样貌呢？可见建筑是复杂而多义的，同社会发展水平与生活方式、科学技术水平与文化艺术特征、人们的精神面貌与审美需要等有着密切的关系。

古罗马的建筑工程师维特鲁威在他著名的《建筑十书》中提出了美好的建筑需要满足"坚固、适用、美观"这三个标准，这些准则几千年来得到了人们的认可，归纳起来一个建筑应该有以下基本属性：

第一，建筑具有功能性。一个建筑最重要的功能性表现在要为使用者提供安全坚固并能满足其使用需要的构筑物与空间，其次建筑也要满足必要的辅助功能需要，比如建筑要应对城市环境和城市交通问题，要合理降低能耗的问题等。功能性是建筑最重要的特征，它赋予了建筑基本的存在意义和价值。

荷兰画家伦勃朗（Rembrandt）的作品"木匠家庭"，现存于罗浮宫中。人们的使用赋予建筑更多的意义，昏暗的房间因使用者的出现而呈现生机，画面通过光线表达，加强了使用功能与建筑之间的对话关系。

第二，建筑具有经济性。维特鲁威提出的"坚固、适用"其实就是经济性的原则。在几乎所有的建筑项目中，建筑师都必须认真考虑，如何通过最小的成本付出来获得相对较高的建筑品质，实用和节俭的建筑并不意味着低廉，而是一种经济代价与获得价值的匹配和对应。丹麦建筑师伍重设计的悉尼歌剧院是一个有趣的实例，从1957年方案设计开始到 1973 年建成，为了让这组优美的薄壳建筑能够满足合理的功能并在海风中稳固矗立，澳大利亚人投入相当于预算 14 倍多的建设资金，工程过程也是起伏颇多。悉尼歌剧院是一座典型的昂贵的建筑，它的昂贵之所以最终能被世人所接受和认可，源于它为城市做出了不可替代的卓越贡献。这个例子也说明，经济性是一个综合的问题，需要统筹考虑造价以及各种价值，但是总的来说，并不是每个建筑都会如此幸运成为国家标志，对大量的建筑而言，经济性因素的考虑仍然是非常重要的。

第三，建筑具有工程技术性。所谓工程技术性，就意味着建筑需要通过物质资料和工程技术去实现，每个时代的建筑都反映了当时的建筑材料与工程技术发展水平。

古罗马人建造的万神庙以极富想象力的建筑手段淋漓尽致地展现了一个充满神性的空间，巨大的穹顶归功于古罗马人发明的火山灰混凝土以及拱券技术；

英国为万国工业博览会而建的展馆建筑"水晶宫"能够快速建成得益于采用了玻璃与铁作为主要建材，它的出现标志着西方建筑从工业革命开始进入了一个全新的阶段。

第四，建筑具有文化艺术性。建筑或多或少地反映出当地的自然条件和风土人情，建筑的文化特征将建筑与本土的历史与人文艺术紧密相连。文化性赋予建筑超越功能性和工程性的深层内涵，它使得建筑可以因袭当地文化与历史的脉络，让建筑获得可识别性与认同感、拥有打动人心的力量，文化性是使得建筑能够区别于彼此的最为深刻的原因。

在西班牙梅里达小城内的罗马艺术博物馆设计中，建筑师莫内欧（Rafael Moneo）以巨大的连续拱券和建筑侧边高窗采光的手法，唤起参观者对于古罗马时代的美好追忆，红砖优雅的纹理与古老遗迹交相呼应，现代与远古在一个空间里和谐共生，建筑以简单而朴素的方式表达了对于历史文化的尊重。

二、建筑的分类

我国建筑分为民用建筑、工业建筑和农业建筑，其中，民用建筑又分为居住建筑与公共建筑。

居住建筑，包括了独立式住宅、公寓、里弄住宅等。

公共建筑涵盖的范围比较广泛，除了居住建筑以外的其他民用建筑，都可以被视为公共建筑，比如体育类建筑、教育类建筑、文化类建筑、商业类建筑等等。

建筑物按高度或层数划分为低层建筑、多层建筑、高层建筑和超高层建筑，其具体标准为：

低层建筑是指高度小于或等于 10 米的建筑，低层居住建筑为一层至三层。多层建筑是指高度大于 10 米，小于 24 米的建筑，多层居住建筑为四层至九层（其高度大于 10 米，小于 28 米）。高层建筑是指高度大于或等于 24 米，高层居住建筑为九层以上（不含九层，其高度大于或等于 28 米，小于 100 米）。超高层建筑是指高度大于或等于 100 米的建筑。

三、建筑的构成要素

不管是哪种建筑，一般来说都是由以下要素构成的：建筑功能、建筑空间、建筑技术与建筑形象。

1. 建筑功能

就是对于人们物质和精神生活需要的满足。所以建筑一方面要满足人体活动的生理与心理要求，另一方面要满足各种活动的要求以及人流组织要求。美国建筑师赖特（Frank Lloyd Wright）设计的流水别墅（The Falling Water）就是很好的例子，合理的内外部空间设计满足了使用者生活的各种基本需要：将起居室、餐厅等家庭公共活动空间安排在一层，卧室等分布在二、三层，这样确保了卧室的私密性要求；餐厅与厨房因为联系紧密所以建筑师在室内采用了很多天然材料，比如石材、实木等，呼应并提升了建筑的主题与意象，置在一起，方便主人使用；考虑客厅的接待和家庭社交需要，室外连接着宽大的露天观景台，内外空间相互贯通，设计师巧妙地利用地形和天然材料营造了与自然和谐共生的艺术气氛，让居住者和来访者在建筑中都可以获得极强的心理愉悦感。

2. 建筑空间

建筑空间从本质上可以被认为是人们通过各种手段（比如墙、楼板等）从自然界无限的空间中划分出来的，是自然空间的一部分，但是经过建筑手段围合的空间，其性质与自然界空间有了根本的区别，人们通过改变空间各个围合界面来调整空间的形状、体积、明暗、色彩和空间感受。建筑空间的营造是建筑师需要掌握的最重要的设计能力之一。

3. 建筑技术

是指建筑用什么材料和什么方法去建造，一般包括建筑的结构、材料、建筑设备和施工技术。

（1）建筑结构

主要是指建筑用什么样的承重体系进行建造，主要包括木结构、砖木结构、砖混结构、钢筋混凝土结构、钢结构等。木结构主要是以木柱、木屋架为主要承重结构的建筑，比如中国古代建筑以木结构为主；砖木结构是指以砖墙和木屋架为主要承重结构的建筑，大多数农村的屋舍采用这种结构，容易备料并且费用较低；砖混结构是以砖墙、钢筋混凝土楼板和屋顶为主要承重构件的建筑，目前我国大部分住宅都是采用这种结构类型，但是砖混结构的抗震能力较差；钢筋混凝土结构主要的承重构件包括梁、板和柱，主要应用于公共建筑、工业建筑和高层住宅中；钢结构的主要承重构件采用钢材，自重轻、跨度大，并且可以回收利用，特别适合大型的公共建筑。除此之外，人们还经常应用一些特殊的结构形式，比如膜结构，膜结构是指以建筑织物的张拉为主的结构形式，造型独特，往往成为大跨度空间结构的主要形式，经常应用在商业或体育设施、景观小品中。无论哪一种结构体系，都要把重量传递给土壤。如果把建筑当作人体来看的话，结构就是骨架，它决定着建筑是否安全、牢固和耐久，合理的建筑结构意味着它们不仅仅具有良好的刚度和柔韧度，更具有高经济性价比，独特的结构也往往是建筑的设计出发点。

南禅寺位于山西省五台县西南李家庄，重建于公元 782 年，是我国现存最古老的一座唐代木结构建筑，也是亚洲最古老的木结构建筑。

屋盖采用圆球形的张力膜结构，膜面支承在 72 根辐射状的钢索上，建筑面积大约 20 万平方米，是英国政府为了迎接 21 世纪而兴建的标志性建筑。

（2）建筑材料

建筑材料就好像皮肤一样，对建筑起着保护作用，并帮助建筑展现出不同的外观和风格。建筑材料可分为天然（比如石材、木材等）与非天然（比如铝合金材料、玻璃等）两种，对于越来越多的建筑师来说，建筑材料的意义已经远远超越了材料本身，材料在塑造建筑空间、体现建筑文化和设计思想方面也有非常重要的作用。例如混凝土在"金贝尔美术馆"中展现出细腻、简约和稳重的文化气质，而在"光之教堂"里则呈现出纯净和专一的宗教气氛。材料可以用来表达不同的建筑性格。

（3）建筑设备

建筑设备包括了各种暖通空调设备、强弱电设备、照明设备、给排水设施、智能化控制设备、电梯等等，各种建筑设备就像人体内的血管和器官一样，影响着建筑内外的空间环境质量，影响着建筑的能耗情况，并密切关系到建筑是否可以健康运营。

施工技术是指用什么方法去实现建筑师的设计、用什么样的手段来完成和组织建筑的营建、安装、调试。其中，机械化、工业化的预制建筑构件生产以及模数化的建造方式极大地提高了建设的效率，促进了建筑产业的发展。

4. 建筑形象

建筑形象即是建筑的外观，具有良好审美观感的建筑形象对于建筑自身以及所在的城市环境都有积极的意义。建筑师可以通过处理建筑空间和体量、建筑实体的色彩和质感、建筑的光影效果等来获得良好的建筑形象。不同的建筑师是如何塑造建筑形象的：古根海姆博物馆，流动的建筑形体和强反光表面材料十分抢眼，呈现出一种迷幻、张扬、强烈的艺术气质，成为城市的新标志；华盛顿国家美术馆东馆，建筑形体通过三角形几何图案转化与严格的轴线控制进行组织，明暗虚实对比强烈，塑造了端庄稳重的建筑形象；戴·穆瓦内艺术中心，外观颜色以素雅的白色为主，轻盈灵动的建筑体块统一在方格网的和谐秩序里，建筑物阴影变化丰富，建筑物呈现出安静优雅又不失活泼的形象。在进行建筑外观设计的时候，建筑师应该注意遵从形式美的基本原则，它包括了比例、尺度、均衡、韵律、对比等。

以上四种要素之间的关系是辩证统一的，建筑师通过这四种要素来认识和了解建筑，并在设计的时候对上面四者有重点地统筹考虑。

第二节 建筑的表达

提起建筑,很多人都听过这样一句话:建筑是凝固的音乐。这句话是从艺术的角度来阐述建筑和音乐有很多共同的特质,诸如同寻求和谐、讲究比例和追求完美。

建筑的艺术美主要表现在比例与秩序、韵律与节奏、实与虚、空旷与狭小所产生的形式美,这与音乐是相通的。所以说音乐就是时间上的建筑,建筑也就是空间的音乐。

作曲家靠乐谱来创作、记录乐曲,乐谱的识读有自己的一套体系,同样,建筑师们也需要一种形式来表达自己的设计意图、推敲自己的设计方案,需要在更广泛的空间和时间内与各种各样的人进行交流,建筑的表达也必须有一套供大家共同遵守的体系,这就是建筑图纸的表达。

一、建筑的表达形式

对于建筑人员来说,一方面需要掌握正确地绘制专业的建筑工程图纸,这部分内容主要包括建筑的总平面图、平面图、立面图和剖面图。这些图纸对表达的准确性有较高的要求,因此我们应该养成规范制图的好习惯。作为设计单位提交的用以施工的工程图纸,要求有严格的范式,必须清楚地交代建筑各部分设计与建造的逻辑和方法,其上应该标注准确的尺寸,目前在实际建筑设计工作中,这部分图纸是通过计算机软件帮助绘制的。作为建筑学课堂上设计分析和交流所用的工程图,则要求没有那么严格,但是也应该正确反映真实的建筑比例、尺度和设计构想,严格按照图纸表达范式绘制,因此要求学生利用尺规等工具帮助作图。

另一方面,在设计过程中,还需要绘制各种具有艺术表现力的图纸,以更形象地说明设计内容,为讲述方便,统称为建筑画。

一幅具有表现力的建筑画,应让人感到设计意图和空间的艺术,是建筑实体或者建筑设计方案的具体直观的表达,所以需要用写实的手法。

建筑画有时是教师和学生之间的交流工具,有时是建筑师和业主之间的交流工具,而更为重要的是它是建筑师同自己交流的工具。与画家和雕塑家的创作过程不同,画家和雕塑家可以在创作的一开始就进入了形成最终作品的过程,他们可以不断地生产艺术作品而较少地受到他人和环境的局限,而建筑师的创作要经过一个长时间的过程,要和各种专业人员合作,等到建筑真正建起来后,才可以算完成一个作品。在这个过程中,建筑画是阶段性的创作成果,是建筑的一个临时替代物。根据这个替代物,参加建筑设计和生产的各方人员,包括业主和建筑师可以考察、评价、选择和修改设计方案。建筑是目的,而建筑画是工具。

建筑平面图是房屋的水平剖视图，也就是用一个假想的水平面，在窗台之上剖开整幢房屋，移去处干剖切面上方的房屋将留下的部分按俯视方向在水平投影面上做正投影所得到的图样。建筑立面图是在与房屋立面相平等的投影面上所做的正投影。建筑剖面图是房屋的垂直剖视图，也就是用个假想的平行于正立投影面或侧立投影面的竖直剖切面剖开房屋，移去剖切平面与观察者之间的房屋，将留下的部分按剖视方向投影面做正投影所得到的图样。

表 1-1　建筑画与美术画比较

	建筑画	美术画
宗旨	建筑师的语言，表达建筑形象	画家的艺术创作，现实生活的艺术化
目的	有助于做出设计方案的比较，征询意见修改和送领导机关审批	艺术创作表达与欣赏
要求	准确、真实地反映建筑风貌	对现实事物进行艺术的再加工
表现技法	准确、真实地反映建筑风貌线条图、渲染图及两者的结合等	素描、油画、水彩、水粉等

二、建筑图纸表达

我们通常所提到的建筑图纸的表达方式一般是施工图用的方法和基本的图标。施工图为了标准化和效率化，表达必须清楚准确，而且不论是谁画的，表达方法都是共通的。

1. 投影知识

在日常生活中可以看到如灯光下的物影、阳光下的人影等，这些都是自然界的一种投影现象。在工业生产发展的过程中，为了解决工程图样的问题，人们将影子与物体关系经过几何抽象形成了"投影法"。

投影法就是投射线通过物体，向选定的面投射，并在该面上得到被投射物体图形的方法。

投影法通常分为两大类，即中心投影法和平行投影法。其中平行投影又包括斜投影和正投影。

2. 总平面图

（1）总平面图的概念

建筑总平面图简称总平面图，反映建筑物的位置、朝向及其与周围环境的关系。

（2）总平面图的图纸内容

1）单体建筑总平面图的比例一般为 1∶500，规模较大的建筑群可以使用 1∶1000 的比例，规模较小的建筑可以使用 1∶300 的比例。

2）总平面图中要求表达出场地内的区域布置。

标清场地的范围（道路红线、用地红线、建筑红线）。

3）反映场地内的环境（原有及规划的城市道路或建筑物，需保留的建筑物、古树名木、历史文化遗存、需拆除的建筑物）。

4）拟建主要建筑物的名称、出入口位置、层数与设计标高，以及地形复杂时主要道路、广场的控制标高。

5）指北针或风玫瑰图。

6）图纸名称及比例尺。

3. 平面图

建筑平面图是房屋的水平剖视图，也就是用一个假想的水平面（一般是以地坪以上 1.2 米高度），在窗台之上剖开整幢房屋，移去处于剖切面上方的房屋将留下的部分按俯视方向在水平投影面上做正投影所得到的图样。建筑平面图主要用来表示房屋的平面布置情况。建筑平面图应包含被剖切到的断面、可见的建筑构造和必要的尺寸、标高等内容。

（1）图名、比例、朝向

1）设计图上的朝向一般都采用"上北 – 下南 – 左西 – 右东"的规则。

2）比例一般采用 1：100、1：200、1：50 等。

（2）墙、柱的断面，门窗的图例，各房间的名称。

1）墙的断面图例；

2）柱的断面图例；

3）门的图例；

4）窗的图例；

5）各房间标注名称，或标注家具图例，或标注编号，再在说明中注明编号代表的内容。

（3）其他构配件和固定设施的图例或轮廓形状。

除墙、柱、门和窗外，在建筑平面图中，还应画出其他构配件和固定设施的图例或轮廓形状。如楼梯、台阶、平台、明沟、散水、雨水管等的位置和图例，厨房、卫生间内的一些固定设施和卫生器具的图例或轮廓形状。

（4）必要的尺寸、标高，室内踏步及楼梯的上下方向和级数。

1）必要的尺寸包括：房屋总长、总宽，各房间的开间、进深，门窗洞的宽度和位置，墙厚等。

2）在建筑平面图中，外墙应注上三道尺寸。最靠近图形的一道，是表示外墙的开窗等细部尺寸；第二道尺寸主要标注轴线间的尺寸，也就是表示房间的开间或进深的尺寸；最外的一道尺寸，表示这幢建筑两端外墙面之间的总尺寸。

3）在底层平面图中，还应标注出地面的相对标高，在地面有起伏处，应画出分界线。

（5）有关的符号

1）平面图上要有指北针（底层平面）；

2）在需要绘制剖面图的部位，画出剖切符号。

4. 立面图

建筑立面图是在与房屋立面相平等的投影面上所做的正投影。建筑立面图主要用来表示房屋的体形和外貌、外墙装修、门窗的位置与形状，以及遮阳板、窗台、窗套、檐口、阳台、雨棚、雨水管、勒脚、平台、台阶、花坛等构造和配件各部分的标高和必要的尺寸。

（1）图名和比例：比例一般采用 1：50，1：100，1：200；

（2）房屋在室外地面线以上的全貌，门窗和其他构配件的形式、位置，以及门窗的开户方向；

（3）表明外墙面、阳台、雨棚、勒脚等的面层用料、色彩和装修做法；

（4）标注标高和尺寸：

1）室内地坪的标高为 ±0.000；

2）标高以米为单位，而尺寸以毫米为单位；

3）标注室内外地面、楼面、阳台、平台、檐口、门、窗等处的标高。

5. 剖面图

建筑剖面图是房屋的垂直剖视图，也就是用一个假想的平行于正立投影面或侧立投影面的竖直剖切面剖开房屋，移去剖切平面与观察者之间的房屋，将留下的部分按剖视方向投影面做正投影所得到的图样。一幢房屋要画哪几个剖视图，应按房屋的空间复杂程度和施工中的实际需要而定，一般来说剖面图要准确地反映建筑内部高差变化、空间变化的位置。建筑剖面图应包括被剖切到的断面和按投射方向可见的构配件，以及必要的尺寸、标高等。它主要用来表示房屋内部的分层、结构形式、构造方式、材料、做法、各部位间的联系及其高度等情况。

（1）剖面图的图纸内容

1）剖面应剖在高度和层数不同、空间关系比较复杂的部位，在底层平面图上表示相应剖切线；

2）图名、比例和定位轴线；

3）各剖切到的建筑构配件：

①画出室外地面的地面线、室内地面的架空板和面层线、楼板和面层；

②画出被剖切到的外墙、内墙，及这些墙面上的门、窗、窗套、过梁和圈梁等构配件的断面形状或图例，以及外墙延伸出屋面的女儿墙；

③画出被剖切到的楼梯平台和梯段；

④竖直方向的尺寸、标高和必要的其他尺寸。

（2）按剖视方向画出未剖切到的可见构配件：

1）剖切到的外墙外侧的可见构配件；

2）室内的可见构配件；

3）屋顶上的可见构配件。

（3）竖直方向的尺寸、标高和必要的其他尺寸。

三、建筑测绘

测绘是记录现存建筑的一种手段，测绘图一般作为原始资料，供整理、研究之用。"测绘"就是"测"与"绘"两个部分的工作内容组成：一是实地实物的尺寸数据的观测量取；二是根据测量数据与草图进行处理、整饰最终绘制出完备的测绘图纸。

1. 测绘的意义

（1）掌握测绘的基本方法

通过测绘，学习如何利用工具将建筑的信息测量下来，并且用建筑的语言绘制到图纸上。

（2）通过测绘将建筑的信息用图纸的方式保存下来

一旦建筑的信息以图纸的形式保存下来，那么这栋建筑的信息就可以像文字一样在更广泛的时间和空间内进行传播和交流。

（3）建立尺度感

这个感觉既包括对于尺度准确的认知，也包括对于尺度正确的把握。

1）对于尺度准确的认知：举个简单的例子，比如有人说1500mm，就是一个尺度，而这1500mm具体是多长，谁能正确地比划出来，就是尺度感的第一步，也就是对尺度有个准确的认知。

结构专业的下工地要有这样的尺度感觉：看到剖面就能估计到梁的高度、地板的厚度，误差应该在10mm以内；学室内设计的看毛坯房要有这样的尺度感觉：看房间的长宽，误差在10cm以内；看窗台高度和门窗洞口高宽，误差在5cm以内。

那么我们建筑专业对于尺度的把握要求到什么程度呢？

小到1mm是多少，大到几米，都需要我们有个准确的把握。因为我们将来既会设计小到几厘米的线脚、装饰，也要设计大体量的建筑，甚至建筑群。

所以我们要有意识地训练自己对于尺度的把握，1cm是多长？1m是多长？在实际的生活中要有意识地去积累这样的认知。比如我们知道通常的门框高度在2.1m左右，这样通过比较门框高度与建筑室内空间高度的关系，我们可以大致揣度室内空间的尺度。在我们的生活里，到处都存在着类似"门框高度"这样的标尺，供我们去测量和计算建筑尺度。

2）对尺度有正确的把握：在对尺度有了准确的认知之后，我们还要能够进一步对尺度有正确的把握。

也就是说，我们不仅仅能够画出1500mm有多长，还要知道1500mm的长度能干什么。比如，这是双人床适中的宽度，是10人餐桌的直径，是一个人使用的书桌舒服的长度。但是1500mm如果做双人走道就太小，如果做桌子又太高。

这就是对尺度正确的把握和使用。

综合以上的两点，对尺度有准确的认知，对尺度有正确的把握，就会有一个良好的尺度感。从上面的分析中我们也能体会到良好的尺度感对于建筑设计专业的人员来说是非常重要的一项技能。

有了良好的尺度感，就会避免设计出的空间过大而导致的浪费，也可以避免设计出的空间过于狭小而导致的使用不方便。

3）如何建立尺度感

①有意识地积累掌握常用的建筑相关的基本尺寸。

常用的门的基本尺寸，比如一般单开门900mm，大的1000mm也可以，住宅里最小的卫生间的门可以做到700mm，再小使用就不方便了。

②有意识地掌握人体的基本尺度。

古代中国、古埃及、古罗马，不管是东方文化还是西方文化，最早的尺都来源于人体，因为人体各部分的尺寸有着规律。

我们用皮尺量一量拳头的周长，再量一下脚底长，就会发现，这两个长度很接近。所以，买袜子时，只要把袜底在自己的拳头上绕一下，就知道是否合适。

为父母或兄长量一量脚长和身高，你也许会发现其中的奥秘；身高往往是脚长的7倍。高个子要穿大号鞋，矮个人要穿小号鞋就是这个道理。侦察员常用这个原理来破案：海滩上留下了罪犯的光脚印，量一下脚印长是25.7cm，那么，罪犯的身高大约是179.9cm。

一般来说，两臂平伸的长度正好等于身高。

大多数人的大腿正面厚度和他的脸宽差不多。

大多数人肩膀最宽处等于他身高的1/4。

人体的尺度和由人体的尺度为基础的人体工程学是很有意思的一门学问，和建筑学专业密切相关。

③学会用自己的身体测量尺度，训练自己目测的能力。

如果我们知道了自己的高度、自己双臂展开指尖到指尖的距离、走一步的距离、手掌张开后的距离，那么我们就有了很多随身携带的尺子，可以丈量身边的尺寸。我们可以先进行目测，用眼睛估计一下某个距离，再用身体去量一量，这样久而久之，目测的能力自然就会提高。

（4）识图与制图

通过测绘这个单元的学习之后，我们就应该能够看懂专业的建筑图纸，并且能够按照建筑制图的要求绘制专业的建筑图纸。

2. 测绘工具

（1）测量工具

1）速写本

2）铅笔：2H、2B各一支

3）橡皮、削笔刀

4）5m钢卷尺

5）20m 皮卷尺

6）花秆

7）指北针

8）卡尺

9）水平尺

10）垂球

（2）绘图工具

1）1 号图板

2）1 号卡纸 2 张

3）拷贝纸

4）削笔刀

5）糨糊

6）水桶

7）排刷

8）针管笔（一套）

9）三角板

10）丁字尺

11）标准计算纸

3. 测绘方法和步骤

（1）测绘的内容

建筑测量的内容包括建筑的总平面、平面、立面、剖面；图纸绘制除了以上内容外，一般还要求绘制出轴测图。

（2）测绘的分工与组织

现场测量和绘图可以"组"为单位进行。每个小组选一个组长，负责具体安排每个小组成员的工作内容，控制小组测绘工作的进度，协调平衡每个组员的工作量，在遇到困难和问题的时候组织大家共同研究解决，更重要的是组织全体成员进行数据与图纸的核对、检查、整理直至最终完成正式图纸。

（3）测绘的步骤

1）绘制测量草图（总平面、平面、立面、剖面）

①测稿的意义

测量草图是我们日后绘制正式图纸的依据，是第一手的资料。草图的正确、准确和完整是最终测绘图纸可靠性的根本保障，所以绘制草图时必须本着一丝不苟的态度，不能凭主观想象勾画，或是含糊过去。

②测稿的绘制工具：速写本、铅笔、橡皮

③测稿的要求

A．比例适宜。比例过大，同一内容在同一张图纸上容纳不下；比例过小，则内容表达不清，给将来标注尺寸带来不便。

B．比例关系正确。要求草图中的各个构件之间、各个组成部分与整体之间的比例及尺度关系与实物相同或基本一致。

C．线条清晰。草图中的每一个线条都应力求准确、清楚，不含糊。修改画错的线时，用橡皮擦掉重画，不要反复描画或加重、加粗。

D．线型区分。应区分剖断线、可见线、轮廓线等几种基本线型，使线条粗细得当、区别明显以免混淆。

④测稿的核对与检查

草图全部绘制完成之后，全组成员应集中在一起进行全面的检查与核对。将草图与测绘对象进行对比，确定草图没有遗漏和错误之后才可以进行下一阶段的数据测量工作。

2）测量（总平面、平面、立面、剖面）

①测量的要求

量取数据和在草图上标注数据需要分工完成。在草图上标注数据的人最好是绘制该草图的人，因为他最清楚需要测量哪些数据。

②测量的工具

A．皮卷尺。卷尺拉得过长时会因自身重力下坠倾斜，或受风的影响产生误差。

B．钢卷尺（5m）。自备，人手一个，使用时注意安全，不要伤到自己和他人。

C．梯子。使用时注意安全，有人使用时，下面要有同伴保护。

③测量和标注尺寸的注意事项

A．测量工具摆放正确。测量工具摆放在正确的位置上，量水平距离的时候，测量工具要保持水平，量高度的时候，测量工具要保持垂直。尺子拉出很长的时候，要注意克服尺子因自身重力下垂或风吹动而造成的误差。

B．读取数值时视线与刻度保持垂直。

C．单位统一为毫米。

D．尾数的读法。读取数值时精确到个位。尾数小于2时省去，大于8时进一位，2-8之间按5读数。例如：实际测得的437读数为435；测得的259读数为260；测得的302读数为300。

E．尺寸标注。每个画到的部分都要进行标注。

F．先测大尺寸，再测小尺寸。避免误差的多次累积。

3）测稿整理及正草图的绘制（总平面、平面、立面、剖面、轴测图）

①将记录有测量数据的测稿整理成具有合适比例的、清晰准确的工具草图，也就是正草图，作为绘制正式图纸的底稿。

②通过测稿的整理和正草的绘制，能够发现漏测的尺寸、测量中的错误、未交代清楚的地方。

③在立面、平面和剖面的基础上，绘制出轴测图。

④正草图上尺寸标注与测稿中尺寸标注存在差异。测稿中的每个画到的地方都要标注尺寸，这样才能准确地定位每一个点，画出正确的图纸。

⑤正草图中尺寸标注按照建筑图纸中的要求进行标注。

4.正图的绘制

正图的绘制是测绘工作最后一个阶段，在前面各个阶段工作的基础上，产生最终的结果。

（1）图纸内容：总平面图（建议比例 1 ∶ 300），平面图（建议比例 1 ∶ 100），两个立面图（建议比例 1 ∶ 100），剖面图（建议比例 1 ∶ 100），轴测图（建议比例 1 ∶ 100）。

（2）排版方式美观合理。

第二章　建筑设计概述

一、建筑设计的概念与特征

设计意为在某个目的的前提下，根据限定的要求，制定某种实现目的的方法，以及确定最终结果的形象，设计是一个创作的过程，完成一件设计作品要有一定的程序，设计就是把一种想象的状态变成现实的操作过程。建筑设计有以下四个基本特征：

1. 建筑设计是一种创造性的思维劳动

建筑设计的创造性是人及建筑的特点属性所共同要求的，一方面建筑师面对的是多种多样的建筑功能和千差万别的地段环境，必须表现出充分的灵活开放性才能够解决具体问题与矛盾；另一方面，人们对建筑形象和建筑环境有着多品质和多样性的要求，只有依赖建筑师的创新意识和创造力才能把属纯物质层次的材料设备点化成为具有一定象征意义和情趣格调的真正意义上的建筑。

建筑设计作为一种高尚的创作活动，要求创作主题具有丰富的想象力和较高的审美能力、灵活开放的思维方式以及克服困难、挑战权威的决心与毅力。

2. 建筑设计是一门综合性学科

建筑设计是科学、哲学、艺术以及文化等各方面的综合，建筑的功能、技术、空间、环境等任何一方面，都需要建筑师掌握一定的相关知识，才能投入到自由的创作中去。因此，作为一名设计师，不仅建筑物的主创者，更是各种现象与意见的协调者，由于涵盖层面的复杂性，建筑师除具备一定的专业知识外，必须对相关学科有着相当深的认识与把握，有广泛的知识积累才能胜任本职工作。

3. 建筑设计的多元性、矛盾性、复杂性

建筑并不是独立存在的，它与世间万物有着千丝万缕的关系，为人类提供生存空间的建筑包含着人的各种需求及各种人的需求，表现为建筑的多元性。建筑是由一个个结构系统、空间系统等构成的人类生活空间，在这里，各系统等构成了人类生活的空间，各系统的各个组成部分都具有独立的特性，并且在整体上呈现出众多的矛盾性，多重矛盾在建筑的整体中寻求统一和协调的过程亦构成建筑的复杂性。

4.建筑设计社会性

建筑方案是由多个要素形成的，因此，设计方案不一定只有一个，如何择取最优秀的方案，这就看具体的条件了，如业主的某种偏爱、造价问题、环境问题……建筑的社会性要求建筑师的创作活动必须综合平衡建筑的社会效益、经济效益与个性特色的关系，努力寻找一种科学、合理与可行的结合点，才能创造出尊重环境、关怀人性的优秀的作品。

二、建筑方案设计的步骤

1.调研分析与资料收集

调研分析作为方案设计的第一步，其目的是通过必要的调查、研究和资料搜集，系统掌握与设计相关的各种需求、条件、限定及其先例等信息资料，以便全面把握设计题目，为下一步的设计理念和方案构思提供丰富而翔实的素材；调研分析的对象包括设计任务、环境条件、相关规范条文和实例、资料等。

（1）任务分析

方案设计的任务要求以"设计任务书"的形式出现的，在课题设计中称为"作业指示书"，它包括物质需求和精神需求两个方面。其中，物质需求的基本内容有空间单元要求、功能关系要求、动线要求，以及相应的工程和技术需求；精神需求则主要体现为对建筑的空间、形式、风格的特定要求。

（2）环境分析

环境条件是方案设计的客观要求。通过对环境条件的调查和分析，可以很好地把握、认识地段环境的质量水平及其方案设计的制约影响，分清哪些条件、哪些因素是应该充分利用的，哪些条件、哪些因素是可以通过改造而得以利用的，哪些不良因素又是必须予以回避的。具体的调查、研究应包括场地环境、城市环境两个方面。

（3）规范条文分析

1）城市规划设计条件

城市规划设计是由城市规划管理部门依据法定的城市总体规划，针对具体地段、具体项目而提出的规范性条文，目的是从城市宏观角度对建设项目提出限定和要求，以保证城市整体环境的良性的运行与发展。

2）建设法规和设计法规

建筑设计法规是为了保障建筑的质量水平而制定的，建筑师在设计过程中必须严格遵守这一具有法律意义的强制性条文，在课题设计中同样应做到熟悉、掌握并严格遵守。对方案设计影响最大的规范有日照、消防、交通规范，以及建筑设计类型通则等。

（4）实例资料分析

学习并借鉴前任正反两面的经验，既是避免走弯路、走回头路的有效手段，也是积累各种建筑资料的有效方法。

1）相关实例调研

相关实例的选择应本着性质相同、内容相近、规模相当、方便实施，并体现多样性的原则。调研内容包括一般的技术性了解，即对设计构思、总体布局、平面组织和造型处理的基本了解，也包括对使用、管理情况的调查、研究，重点了解使用、管理过程中的优缺点及其原因。最终调研成果应以图、文形式尽可能详细、准确地表达出来，形成一份永久性的参考资料。

2）相关资料搜集

相关实例调研与相关资料搜集有一定的相似之处，只是前者在技术了解的基础上更侧重于实际运营情况的调查，后者仅限于对设计构思、总体布局、平面组织和造型处理等一般技术了解，但简单方便和资料丰富是后者的最大优势。

2. 设计构思与方案优选

完成方案的第一阶段后，设计者对设计要求、环境条件以及相关实例已有了一个比较系统而全面的了解与认识，并得出了一些原则性的结论，在此基础上即可开始下一步的工作：

（1）确立设计理念

建筑设计理念是立足于具体设计对象的类型特点、环境条件极其现实的经济技术因素，预先定位一个足以承载和现实的建筑理念和信念，作为方案设计的指导原则和境界追求。

优秀的建筑作品都有其明确的设计理念。而判断一个设计理念的好坏，不仅要看它所体现出的境界高度，还应该判断它对应的具体建筑类型、环境条件的恰当性、适宜性和可行性，这是确立设计理念的基本原则。

（2）进行方案构思

方案构思作为方案设计的重要环节，其目的是通过深入而透彻的思考、思辨，正确理解并把握功能、环境等重要因素的属性、特点，从中提取有价值的造型素材，据此发展并确立起建筑空间、形象的大轮廓、大模样。

方案设计的过程可以分为基本判断和深入构思两个环节。

（3）实施多方案比较和优选

1）多方案的基本原则

为了实现方案的优选，多方案构思应遵循如下原则：

①应该提出数量尽可能多、差别尽可能大的选择方案，即应从多角度、多方位来审视题目，把握环境，通过有意识、有目的地变换构思侧重点来实现方案在整体布局、动线组织以及造型设计上的多样性。

②任何方案都必须是在满足功能与环境的基础上产生的。

2）方案优选的基本方法

方案优选时，分析比较的重点应集中在：

①比较设计要求的满意程度；

②比较的性特点是否突出；

③比较修改调整的可行性。

2.调整发展和深入细化

方案设计是一个从宏观到微观，从简略到细致，从定性到量化的不断发展，逐步推进的过程，方案的"调整发展"和"深入细化"是这一过程中的重要阶段。"调整发展"的核心任务是"基本"落实功能、量化形态、成型体系。

（1）调整发展阶段的基本任务

1）调整修正方案

对发展方案的修正和调整，硬是在全面分析、评价，从而掌握方案特点，明确设计方向基础上进行的，并针对其相应的方面和体系，进行通盘而综合的调整，力求从根本上解决问题。

2）发展设计意图

进一步发展设计意图是二草阶段的核心任务，其宗旨就是在保持方案个性的前提下，通过放大图纸比例和模型比例，将已经确立的"粗线条"和"大轮廓"，分层次，分步骤地落实其功能、量化其形象，并暗影成为总图、平面、立面、剖面等具体设计成果，从而推进空间、动线、围护、结构、造型等各个体系上的设计意图的发展。

（2）深入细化阶段的基本任务

1）方案的深入

方案的深入主要是借助室内外透视的绘制和空间实现分析而完成的，其设计重点包括方案的主要外观形象、重点空间单元，以及空间序列效果灯。由此引发一系列的局部适调，将方案全面推进。

2）方案的细化

方案的细化就是在进一步放大图纸、模型比例的基础上，引进材料及其衍生的质感、肌理、颜色等因素，丰富并完善立体造型的层次关系，逐步将方案设计印象细部造型处理上，并实现方案的完全量化。

第二节　建筑方案设计的特点

建筑设计包含丰富的内容，其中方案设计是建筑设计中的第一步，充分理解建筑方案设计的特点，对于整体掌控建筑设计具有重要的作用。建筑方案设计的主要特点可以概括为综合性、创造性、时代性以及严谨性。

一、综合性

　　方案设计具有综合性。方案设计是整个建筑设计进入图纸文本环节的第一步，在进行方案设计之前，必须对设计方案所在的地块进行详细勘察，方案要满足地形地貌等特征，要学会因地制宜，学会使用当地富产的材料作为建筑材料，这需要设计人对自然地理学科有一定的知识积累；要针对当地人民的生活习惯、民族特点进行方案的布局，这需要设计者有一定的人文知识；在设计过程中，要遵循国家、当地的各项政策及建筑法规，这又要求我们对多种制约因素有了解；在方案立面及形体的推敲过程中，建筑风格以及建筑技术又要求我们对艺术以及技术做到协调利用，达到完美统一；最后，接到设计任务时，建筑师所面对的建筑类型也是多种多样，科教文卫各类建筑，都要求建筑师在社会、经济、文化、历史以及其他各类学科中有所涉猎。只有充分掌握多个学科的内容，综合地应用于方案设计中，才能做出艺术性与实用性高度统一结合的建筑方案。

二、创造性

　　方案设计具有创造性。建筑师面对复杂多样的地形条件以及建筑单体要求时，除惯性沿袭传统的思维外，必须更多地展现出创造性解决问题的能力。建筑师在方案设计中的创造性体现在解决空间与流线的对应关系中，也体现在建筑方案整体的形象中。

　　建筑师在方案设计过程中，常常需要有意识地从设计思路的反向入手，增加创造力思维。在解决复杂的方案矛盾的过程中，逆向思维可以帮助建筑师产生新的领悟。

三、时代性

　　方案设计具有时代性。方案设计与时代脉搏紧密相扣，每个时代的建筑设计都具有其独一无二的特征。漫漫的历史长河中，建筑的设计受地理条件、材料的局限和民族特点的约束呈现了不同的类型。

　　建筑在对应历史时期的发展以及其在时代背景下的特点，表现了同时期建筑方案的历史时刻性；时代是不断发展和进步的，在变换前进的时代中，建筑设计也遇到了前所未有的机遇和挑战。当下，面对新旧文化融合、中外文化碰撞的境况，建筑师们所完成的设计必须更加具有时代前瞻性。在我国，除了要做到前瞻性，还应把我国优秀的建筑文化、建筑技艺以及匠人精神传承下去。悠久璀璨的中华传统文化自始至终都是以包容开放的姿态存在，因此承上启下，让世界认识中国就是时代赋予年轻建筑师的责任。

四、责任性

　　本节中提到的责任性本质上是指建筑师在设计中要具有责任心。建筑方案设计，从落实在图纸上的每一笔开始，就充满了仪式感与责任感。一幢由钢筋水泥组成的建筑，不似一顶帐篷可以随心所欲地扎营搬移，每一幢建筑都要矗立几十年甚至上百年。建筑的物质服务生命周期长，如果一旦因为功能不合理或者因为精神服务周期过短，很快就被淘汰，这无疑相当于给城市增加了一座不会移动的障碍，纵然我们后期可以改造、改建甚至美化，但是在方案设计的初期就应该遵循着技术和艺术协调统一的原则基础上，注重方案的严谨性。

第三节　建筑方案设计的一般方法

建筑方案设计具有独特的流程，拥有一套独立的方法体系。完整的方案设计包括以下五个基本步骤：勘察、调研分析与收集材料，方案的初步构思，方案的优化及深化，调整完善方案，方案设计图纸的成图表达。

一、勘察，调研分析与收集材料

建筑方案设计首先依托的就是客观存在的条件，包括基地的自然条件、城市规划设计条件、基地所处位置的人文条件以及其他客观存在对建筑方案有约束的因素。通过对客观存在的各类条件的细致勘察与分析梳理，可以为方案设计打一个坚实的基础，有利于方案设计在基地扎根的底蕴。

1. 自然条件

自然条件千变万化，与之相应的是基地条件千姿百态。正确分析判断基地条件对于我们进行方案设计有重要的指导作用。自然条件包括地形地貌、气候气温、日照条件、景观朝向等。

地形地貌的影响：在自然界几乎不存在完全平整的面，由于受引力、洋流等影响，自然界的平面都是存在起伏的，没有两块场地的地形地貌是完全相同的。另外，地质因素也应该加以考虑，分清平原、山地、滨海以及沙发地质对建筑方案的影响。利用地形中对于场地有利的部分，比如日照、景观等；避开对场地会产生潜在威胁的因素，比如周边可能存在的地质灾害；考虑场地内及周边的水文环境，地下水位的高低等。

气候气温条件：各个地区由于经纬度不同，气象条件千变万化。设计时应注意场地及周边的温度、干湿度、风力及风向等重要因素。

日照条件：由于地区的不同，各地对于日照的要求不同，设计要考虑是否满足场地所在地区日照条件，因日照时长会影响居住建筑等总平面布局以及立面造型设计，故日照设计应在总平面规划时即予以考虑。

景观朝向：包括自然景观与人工景观。要充分利用自然绿化，考虑景观的树种等情况，是否将绿化引入基地；充分利用场地内外水环境，因地制宜。

2.城市规划设计条件

城市规划设计条件是由城市规划管理部门依据法定的城市总体规划，针对具体地段、具体项目而提出的规范性条文，从宏观角度对建设项目提出限定和要求。城市规划设计条件包括的基本内容有用地性质的限定、容积率和建筑密度的限定、高度和退让的限定、历史保护的限定和规划发展因素等。

（1）用地性质的限定。规划部门在总体规划和控制性详规中对土地使用性质进行了严格的界定，并对其他条件也进行了控制，因此场地选址时，要严格按照控制性详规的规定进行。

（2）容积率和建筑密度的限定。容积率是地上建筑面积总和与场地面积的比值。容积率的大小直观地显示了场地内地上建筑的容纳情况，一般来说，规划部门会给每个地块出具一个经济指标的控制数据，比如繁华地带的商业住宅开发，其容积率通常远高于普通地段住宅开发，因为地段的不同，地块价格也差距很大，只有高容积率才能让建筑面积单价降下来。建筑密度是建筑一层平面面积占场地面积的百分比，建筑密度的作用是观察在场地中建筑的铺展程度，比如大型商超，大的建筑密度表示一层建筑面积较多，有利于底层商业氛围的渲染。

（3）高度和退让的限定高度限制主要是考虑城市内飞行器飞行的安全，一定的高度限制有效地控制地上总建筑面积，这对建筑造型的设计有一定约束作用。退让各类红线是为了满足场地与周边环境的关系。

（4）规划发展因素城市发展到一定阶段，需要配合当下的各种实际发展状况制订和调整规划方向。

除了以上提到的分析调查。还可以根据设计任务书的要求，主动收集相关理论资料，借鉴同类型实际工程的经验。建筑设计不是无中生有，需要平素大量的积累，通过实地考察、拍摄照片、手绘等多种方式，将所见所感记录下来，当积累形成一定量时才会产生质变，才会真正有助于设计者的思路。

作为一名建筑学学生，学习设计是从无到有的过程，这个过程中不要钻牛角尖，应该打开视界，拓宽思路，平时多积累观察，提高个人专业素养。设计初期就是在广泛积累的基础上。分析调研场地形成设计的初步构思。

二、建筑方案初步构思

任何设计的初期都是由一个思想的"火种"出发，延伸，迸发，扩散直至形成一个完整的方案。这个最初的"火种"就是设计理念。清晰的设计理念使建筑师明确设计目的，像建筑师脑中的星星之火，促使建筑师创造出优秀的作品。

1. 确定设计理念后，建筑师开始构思方案

方案构思综合运用形象、逻辑思维，循序渐进地进行。一是从初始阶段进行构思，即建筑师希望设计的主题是什么，方案的基本思路要怎么围绕主题展开；二是从细节进行构思，比如建筑形象大概是什么情况，建筑空间内要设计成什么形式，建筑空间流线怎么引导。这个阶段可以通过勾勒草图来完成初步设想。

2. 方案构思的一般步骤

（1）在调研的基础上，对任务书进一步归纳整理，理顺出基本思路。

（2）确定总平面的基本布置形式。包括基地的基本自然条件、基地出入口与城市道路之间的关系、建筑与基地之间的关系，建筑与相邻基地内建筑的退让以及基地内建筑与场地的关系等。

（3）建筑平立剖之间的相互关系。建筑平面的功能布局、立面形象与剖面之间的关系，这里的建筑剖面主要为设计师做深入构思提供室内高差参考，而建筑造型的构思此时也应该具有雏形。

（4）调整方案整体的协调性。当大部分设计构思已经成熟时，要求建筑师调整总平面与建筑单体之间的相互关系，达到协调一致。

三、建筑方案设计的优化及深化

前面提到设计的灵感如同星星之火，点燃建筑师的设计热情，因此通常情况下，我们的方案设计会出现多条思路并行的情况。每到这时，我们就要进行方案的优化和深化。对方案之间的优缺点进行对比，合并优点，做出最适合设计条件的方案。

1. 方案的优化

当方案构思完成时，建筑师通常会在自己的几个相对成熟的构思之间进行权衡比较，此时，就要求建筑师对方案进行优化。

（1）比较方案之间的切题程度多个方案构思并存的时候，首先要看哪个方案更加能满足设计要求，是否满足整体到细节面面俱到。不论方案如何出色，如果不能满足设计任务书的要求，后续设计大多都是无用功。

（2）比较方案之间，设计师发挥深化的余地是否足够。如果一个方案在构思阶段，设计师无法自圆其说，自圆其"图"，到后期深化阶段，该方案极有可能无法深入。选择方案进行深化时，应选择设计师有动力有热情的方案进行深化。

（3）比较方案特点是否足够突出，这体现方案的独特性，满足任务书要求且具有独特性的方案对于推动设计创新有重要意义。设计不是一成不变的，应在前人设计基础上继续深化，在许多至今仍在讨论的建筑命题中提出解决问题的探索思路。

2. 方案的深化

方案的深化是方案筛选中必须经过的一个阶段。有条不紊的深化对于建筑方案设计的

推进具有重要意义。

（1）方案的可行性深化，顾名思义，结合场地情况，对所做方案是否可行进一步推敲。

（2）方案的功能性深化选定方案后，对方案的功能空间进行布局，在总平面、平面、造型等方面同时进行深化。方案深化是联动的，通常我们会根据做方案的先后顺序先深化总平，其次平面，有时也会根据设计师自身偏好从造型入手，但是不论哪种方法，都要先从大的场地关系入手，低年级建筑学学生只从平面图进行设计。

第三章　房屋建筑设计及概要

随着社会经济的快速发展和人民生活水平的提高，人们对生活环境提出了越来越高的要求。其中，住宅商品化进程日益加快，为建筑设计的发展提供了越来越多的空间。但是由于房屋和建筑物经常受到许多因素的影响，不可避免地会出现一些不合理的设计。本章主要对房屋建筑设计展开论述。

第一节　房屋建筑空间构成及构造

一、房屋建筑空间构成

房屋建筑空间有室内空间与室外空间两类，有时室内外空间结合在一起。这里仅就室内空间而言。为满足生产、生活的需要，房屋建筑是由大小不等的各种使用空间及交通联系空间所构成的。由于房屋功能的不同，建筑使用空间的大小、数量及组合形式多种多样，所以建筑空间构成千变万化，因而建筑体形也千姿百态。一般建筑空间的组合形式大体上可分为下列几种：

1. 单元式：其特点是房间围绕一个公共使用部分（通常是交通中心）布置。多层职工住宅是单元式空间组合形式的典型例子。多层的职工住宅都是以楼梯间为中心，每层围绕楼梯间布置各自的房间。

2. 走廊式（过道式）：常见的宿舍楼、教学楼、办公楼、医院等都属于这种空间组合形式。它以较长的公共走廊（外廊或内廊）联系同一层的各个房间。

3. 套间式（穿堂式）：各使用空间彼此连通，如商场、展览馆等建筑都是这样的空间组合形式。大多数生产厂房也是这种形式。

4. 大厅式：如影剧院、体育馆、大会堂等，它们的特点是有一个大空间的观众厅或会议厅为建筑的主体，而在周围布置一些较小的使用房间。

二、房屋建筑构造

（一）建筑构造概述

建筑构造是一门研究建筑物各组成部分的构造原理和构造方法的学科，是建筑设计不可分割的一部分。它具有实践性和综合性强的特点，在内容上不仅反映了对实践经验的高度概括，而且还涉及建筑材料、力学、结构、施工以及建筑经济等有关方面的理论。因此，其研究的主要任务是根据建筑物的功能要求，提供适用、安全、经济和美观的构造方案，以作为建筑设计中综合解决技术问题及进行施工图设计的依据。

1.建筑物的构造组成及其作用

建筑类型多样，标准不一，但建筑物都有相同的部分组成。一幢民用或工业建筑，一般由基础、墙或柱、楼板层及地坪层、楼梯、屋顶和门窗等六大部分组成，它们处于不同的部分，发挥着各自不同的作用。

（1）基础

基础与地基直接接触，是建筑物最下部的承重构件，其作用是承受建筑物的全部荷载，并将这些荷载传给它下面的土层——地基。因此，基础必须坚固稳定、安全可靠，并能抵御地下各种有害因素的侵蚀。

（2）墙或柱

墙是建筑物的承重构件和围护构件。作为承重构件，墙承受建筑物由屋顶和楼板层传来的荷载，并将这些荷载传给基础。当用柱代替墙起承重作用时，柱间的填充墙只起围护作用。建筑物的外墙起着抵御自然界各种因素对室内侵袭的作用；内墙起着分隔房间、创造室内特定环境的作用。因此，要求墙体根据功能的不同，分别具有足够的强度、稳定、保温、隔热、隔声、防水、防火等性能以及一定的经济性和耐久性。

为了扩大空间，提高空间的灵活性，也为了结构的需要，有时不设墙，而设柱来起承重作用。柱是框架或排架结构的主要承重构件，与承重墙一样承受屋顶和楼板层及吊车传来的荷载，必须具有足够的强度、刚度和稳定性。

（3）楼板层及地坪层

楼板层是建筑水平方向的承重和分隔构件，承受家具、设备和人体荷载及本身的自重，并将这些荷载传给墙或柱。同时，楼板层将建筑物分为若干层，并对墙体起着水平支撑的作用。楼板层应有足够的强度、刚度、隔声、防水、防潮、防火等性能。地坪层是底层房间与土壤相接触的部分，承受底层房间内部的荷载。地坪层应具有坚固、耐磨、防潮、防水和保温等性能。

（4）楼梯

楼梯是建筑的垂直交通构件，供人们上下楼层、紧急疏散以及运送物品之用。因此，要求楼梯具有足够的通行能力以及防火、防滑功能。

（5）屋顶

屋顶是建筑物最上部的外部围护构件和承重构件。作为外部围护构件，屋顶抵御各种自然因素（风、雨、雪霜、冰雹、太阳辐射热、低温）对顶层房间的侵袭；作为承重构件，屋顶又承受风雪荷载及施工、检修等屋顶荷载，并将这些荷载传给墙和柱。因此，屋顶应具有足够的刚度、强度以及防水、保温、隔热等性能。此外，屋顶对建筑立面造型也有重要的作用。

（6）门窗

门与窗均属非承重构件。门的主要作用是交通，同时还兼有采光、通风及分隔房间的作用，窗的主要作用是采光和通风，在立面造型中也占有较重要的地位。对某些有特殊要求的房间，门、窗应具有保温、隔热、隔声、防火、排烟等功能。

除了上述基本组成构件外，不同使用功能的建筑还有各种不同的构件和配件，如阳台、雨棚、散水、台阶、烟囱、爬梯等。有关构件的具体构造将于后面各节详述。

2. 影响建筑构造的因素

影响建筑构造的因素有很多，大体有以下几个方面。

（1）荷载因素的影响

建筑物在建造和使用的过程中，都不可避免地发生着变形。如基础的沉降、混凝土的徐变、高层建筑在风荷载作用下的侧向位移等。建造在有可能发生地震区域的建筑物，对震害发生时产生的变形及受到的破坏，绝对不能掉以轻心。变形等因素对建筑物有可能造成的危害，也是不容忽视的。

作用在建筑物上的各种外力，统称为荷载。荷载分为恒荷载（如结构各组成部分的自重）和活荷载（如人群、家具等附加作用）。荷载是结构选型、构造方案以及进行细部构造设计的重要依据，而构件的选材、尺度、形状等又与构造方式密切相关。所以，在确定建筑构造方案时，必须考虑荷载的影响。

（2）自然因素和人工环境的相互影响

我国幅员辽阔，各地区所处位置及地理环境不同，气候条件相差悬殊。而建筑物是室内外的界定物，处在自然因素和人工因素的交互作用下。对外，需要保证通风、采光、防御作用；对内，又要满足防水、保温、隔热等人工环境。风吹、日晒、雨淋、积雪、冰冻、地下水等自然因素会给建筑物带来很大的影响，而人工因素影响指的是火灾、化学腐蚀、机械振动、噪声、爆炸等因素对建筑物的影响。这些影响，在建筑屋面和外墙体现得尤为明显。为了防止这些因素对建筑物的破坏，在构造设计时，应针对建筑物所受影响的性质与程度，对各有关构配件及部位采取必要的防范措施，如防潮、防水、保温、隔热、防火、隔声、设伸缩缝、设隔蒸汽层等。

（3）建筑技术因素的影响

建筑技术因素的影响是指建筑材料、建筑结构、建筑施工技术对于建筑物的设计与建造的影响。建筑材料性能是建筑构造得以成立的基本依据，决定了材料的可加工性、构件相互连接的可能性、构造节点的安全性及耐久性等。只有不断地了解新材料的性能和加工工艺，掌握它们在长期的使用过程中有可能出现的变化，才有可能使相应的设计更趋合理。由于建筑技术的改变，新材料、新工艺、新技术的不断涌现，建筑构造技术也不断发展和变化。因此，建筑构造不能脱离一定的建筑技术条件而存在，它们之间的关系是相互促进、共同发展的。

（4）经济条件的影响

建筑构造设计是建筑设计中不可分割的一部分，设计必须考虑经济效益。随着建筑技术的不断发展和人们生活水平的不断提高，对建筑构造的要求也随着经济条件的改变而发生着巨大的变化。

（5）建筑标准的影响

建筑标准一般包括造价标准、装修标准、设备标准等。标准高的建筑装修质量好，设备齐全，档次较高，造价也较高。建筑构造方案的选择与建筑标准密切相关。一般情况下，民用建筑多属于一般标准的建筑，构造做法也多为常规做法；而大型公共建筑标准要求较高，构造做法复杂。

3. 建筑构造的设计原则

建筑构造设计应该遵循如下基本原则。

（1）满足建筑物使用功能及变化的要求

满足使用者的要求是建筑建造的初始目的。由于建筑物的使用周期普遍较长，改变原设计使用功能的情况屡有发生，而且建筑在长期的使用过程中还需要经常性的维修，因此在对建筑物进行构造设计的时候，应当充分考虑这些因素，并提供相应的可能性。

（2）充分发挥所用材料的各种性能

充分发挥材料的性能意味着最安全合理的结构方案、最方便易行的施工过程以及最符合经济原则的选择。在具有多种选择可能性的情况下，应该经过充分比较，进行合理选择并优化设计。

（3）注意施工的可能性和现实性

施工现场的条件及操作的可能性是建筑构造设计时必须予以充分重视的，有时有的构造节点仅仅因为设计时没有考虑留有足够的操作空间，而在实施时不得不进行临时修改，费工费时，又使得原有设计不能实现。此外，为了提高建设速度，改善劳动条件，保证施工质量，在构造设计时应尽可能创造构件工厂标准化生产以及现场机械化施工的有利条件。

（4）注意感官效果及对建筑空间构成的影响

构造设计使得建筑物的构造连接合理，同时又赋予构件以及连接节点以相应的形态，这样在进行构造设计时，就必须兼顾其形状、尺度、质感、色彩等方面给人的感官印象以及对整个建筑物的空间构成所造成的影响。

（5）讲究经济效益和社会效益

工程建设项目是投资较大的项目，保证建设投资的合理运用是每个设计人员义不容辞的责任，在构造设计方面同样如此。其中，牵涉到材料价格、加工和现场施工的进度、人员的投入、有关运输和管理等方面的相关内容。此外，选用材料和技术方案等方面的问题，还涉及建筑长期的社会效益，例如安全性能和节能环保等方面的问题，在设计时应有足够的考虑。

（6）符合相关各项建筑法规和规范的要求

法规和规范的条文是不断总结实践经验的产物，带有强制性要求和示范性指导两方面的内容。而且规范会随着实际情况的改变而不断做出修改，设计人员熟知并遵守相关规范和法规的要求是取得良好设计和施工质量的基本保证。

总之，在建筑构造设计中全面考虑坚固适用、美观大方、技术先进、节能环保、经济合理是最根本的原则。

4.建筑构造详图的表达方式

建筑构造设计是通过构造详图来加以表达的。构造详图通常是在建筑的平、立、剖面图上，通过引出放大或进一步剖切放大节点的方法，将细部用详图表达清楚。除了构件形状和必要的图例外，构造详图中还应该标明相关的尺寸以及所用的材料、级配、厚度和做法。

（二）墙体

墙位于基础之上，是建筑物的重要组成构件，从形式上看，墙的地下延伸部分就是基础。墙体的主要作用包括承重作用、围护作用、分隔作用。

1.墙体的类型和设计要求

（1）建筑物墙体的分类

1）按墙体所在位置分类

建筑物的墙体，依据其在房屋中所处位置的不同，可分为外墙和内墙。位于建筑物四周的墙体称为外墙，外墙是房屋的外围护结构，起着界定室内外空间、遮风、挡雨、保温、隔声等围护室内房间不受侵袭的作用。凡不与外部空间接触，而位于建筑物内部的墙体称为内墙，内墙的作用主要是分隔房间。

2）按墙体所用材料分类

建筑物的墙体，按其所用材料的不同，可分为砖墙、石墙、夯土墙、砌块墙、钢筋混凝土墙以及其他用轻质材料制作的墙体。

①砖墙。实心黏土砖虽然是我国传统的墙体材料，但它越来越受到材源的限制。我国有很多地方已经限制在建筑中使用实心黏土砖。

②石墙。石材和生土往往只是作为地方材料在产地使用，价格虽低，但加工不便，砌块墙是砖墙的良好替代品，由多种轻质材料和水泥等制成，如加气混凝土砌块。

③混凝土墙。混凝土墙则可以现浇或预制，在多高层建筑中应用较多。目前，装配式建筑在推广中，墙体材料也在不断发展和改进过程中。

④幕墙。常见的幕墙有玻璃幕墙、石幕墙、金属薄板幕墙、复合材料板幕墙等，主要

用于建筑物的外墙，一般不承重。

3）按墙体受力情况分类

①承重墙：直接承受楼板、屋面板传来的垂直荷载及风和地震力传来的水平荷载。

②非承重墙：不承受外荷载的作用，在建筑中只起围护和分隔空间的作用。在砖混结构中，非承重墙可以分为自承重墙和隔墙。自承重墙仅承受自身重量，并把自重传给基础；隔墙则把自重传给楼板层或附加的小梁。在框架结构中，非承重墙可以分为填充墙和幕墙。填充墙是位于框架柱之间的墙体。当墙体悬挂于框架梁柱的外侧起围护作用时，称为幕墙，幕墙的自重由其连接固定部位的梁柱承担。

4）按构造方式分类

①实体墙：采用单一材料或复合材料（砖和加气混凝土复合墙体）砌筑的不留空隙的墙体，如普通砖墙。

②空体墙：由一种材料构成，但墙内留有空腔，也可用本身带孔的材料组合而成，如空心砌块墙。

③复合墙：由两种或两种以上材料组成，可以提高墙体的保温、隔声或其他功能。如混凝土、加气混凝土复合板材墙，其中混凝土起承重作用，加气混凝土起保温隔热作用。

5）按施工方法分类

①块材墙：用砂浆等胶结材料将块体材料按一定的方式组砌的墙体，如砖墙、石墙及各种砌块墙等。

②版筑墙：在施工现场立模板、现场进行整体浇筑的混凝土或钢筋混凝土板式墙体，一般作为多层或高层建筑的承重墙。

③板材墙：在工厂预先制成墙板，运到施工现场，在施工现场安装、拼接而成的墙体，常用的有预制钢筋混凝土大板墙、各种轻质条板墙。

（2）墙体的设计要求

根据墙体所处的位置和功能的不同，设计时应考虑以下要求。

1）具有足够的强度、刚度和稳定性，以保证安全

强度是指墙体承受荷载的能力，与墙体采用的材料、材料的强度等级、墙体尺寸（墙体的截面面积）、墙体的构造和施工方式有关。

墙体的稳定性与墙的长度、高度和厚度有关，即与建筑物的层高、开间或进深尺寸有关。一般通过合适的高厚比，加设壁柱、圈梁、构造柱以及加强墙与墙或墙与其他构件的连接等措施增加稳定性。圈梁与构造柱相互连接，形成空间骨架，加强墙体抗弯、抗剪能力，使墙体在破坏过程中具有一定的延伸性，减缓墙体产生酥碎现象。

墙体高厚比的验算是保证砌体结构在施工阶段和使用阶段的稳定性的重要措施。墙、柱高厚比是指墙、柱的计算高度与墙厚的比值。高厚比越大，构件越细长，其稳定性越差。高厚比必须控制在允许值以内。允许高厚比限值是综合考虑砂浆强度等级、材料质量、施工水平、横墙间距等诸多因素确定的。为满足高厚比要求，通常在墙体开洞口部位设置门，

在长而高的墙体中设置壁柱。

2）具有必要的保温、隔热等方面的性能

我国幅员辽阔，气候差异大，墙体作为围护构件应具有保温、隔热的性能。

①对有保温要求的墙体，须提高其构件的热阻，通常采取以下措施。

A.增加墙体的厚度。墙体的热阻与其厚度成正比，要提高墙身的热阻，可以增加其厚度，但不经济。

B.选择导热系数小的墙体材料。要增加墙体的热阻，常选用导热系数小的保温材料，如泡沫混凝土、加气混凝土、陶粒混凝土、膨胀珍珠岩、膨胀蛭石、浮石及浮石混凝土、泡沫塑料、矿棉及玻璃棉等。其保温构造有单一材料保温结构和复合保温结构之分。单纯的保温材料，一般强度较低，大多无法单独作为墙体使用。利用不同性能的保温材料组合就可构成既能承重又可保温的复合墙体，在这种墙体中，轻质材料（如泡沫塑料）专起保温作用，强度高的材料（如黏土砖等）专门负责承重。

C.采取隔蒸汽措施。为防止墙体产生内部凝结，常在墙体的保温层靠高温一侧，即蒸汽渗入的一侧，设置一道隔蒸汽层。隔蒸汽层材料一般采用沥青、卷材、隔汽涂料以及铝箔等防潮、防水材料。

常用外墙内保温的构造做法如下。

A.硬质保温制品内贴：在外墙内侧用黏结剂粘贴增强石膏聚苯复合保温板等硬质建筑保温制品，然后在其表面粉刷石膏，并在里面压入中碱玻纤涂塑网格布（满铺），最后用腻子嵌平，做涂料。

B.保温层挂装：先在外墙内侧固定衬有保温材料的保温龙骨，在龙骨的间隙中填入岩棉等保温材料，然后在龙骨表面安装纸面石膏板。

常用外墙外保温的构造做法如下。

A.保温浆料外粉刷：在外墙外表面做一道界面砂浆后，粉刷胶粉聚苯颗粒保温浆料等保温砂浆。如保温砂浆的厚度较大，应当在里面钉入镀锌钢丝网，以防止开裂（满铺金属网时应有防雷措施）。保护层及饰面用聚合物砂浆加上耐碱玻纤网格布，最后用柔性耐水腻子嵌平，涂表面涂料。

B.外贴保温板材：用黏结胶浆与辅助机械锚固方法一起固定保温板材，保护层用聚合物砂浆加上耐碱玻纤网格布，饰面用柔性耐水腻子嵌平，涂表面涂料。考虑高层建筑进一步的防火需要，在高层建筑60m以上高度的墙面上，窗口以上的一段保温应采用矿棉板。

C.外加保温砌块墙：选用保温性能较好的材料，如加气混凝土砌块、陶粒混凝土砌块等全部或局部在结构外墙的外面再贴砌一道墙。

②墙体的隔热要求。提高墙体隔热性能的途径如下：

A.外墙宜选用热阻大、重量大的材料；

B.外墙表面应选用光滑、平整、浅色的材料；

C.在外墙内部设置通风间层，利用空气的流动带走热量；

D. 在窗口外侧设置遮阳设施，以遮挡太阳光直射室内；

E. 在外墙外表面种植攀缘植物。

3）符合燃烧性能和耐火极限的要求

选用的材料及截面厚度都应符合防火规范中相应燃烧性能和耐火极限所规定的要求。选择燃烧性能和耐火极限符合防火规范规定的材料。在较大建筑中应设置防火墙，把建筑分成若干区段，以防止火灾蔓延，满足防火规范的要求。

4）满足隔声的要求

①加强墙体的密缝处理，如墙体与门窗、通风管道等的缝隙进行密缝处理。

②增加墙体密实性及厚度，避免噪声穿透墙体及墙体振动。

③采用有空气间层或多孔性材料的夹层墙，空气或玻璃棉等多孔材料具有减振和吸音作用，以提高墙体的隔声能力。

④在建筑总平面中考虑隔声问题。

5）满足防潮、防水以及经济等方面的要求

采取防潮、防水措施，使建筑满足防潮、防水以及经济等方面的要求。

2. 块材墙体的基本构造

块材墙是用砂浆等胶结材料将砖石块材等组砌而成的墙。砌筑用的块材多为刚性材料，即材料的力学性能中抗压强度较高，但抗弯、抗剪较差。这种材料常用的有普通黏土砖、石材、各类不配筋的水泥砌块等。胶结材料主要是砂浆，常用的砂浆有水泥砂浆、混合砂浆、石灰砂浆和黏土砂浆。一般情况下，块材墙具有一定的保温、隔热、隔声性能和承载能力，生产制造及施工操作简单，不需要大型施工设备，但是现场湿作业较多、施工速度慢、劳动强度较大。从我国实际情况出发，块材墙在今后相当长一段时期内仍将广泛采用。

（1）常用块材及砂浆

砌体墙中常用的块材有各种砖和砌块。

当砌体墙在建筑物中作为承重墙时，整个墙体的抗压强度主要是由砌筑块材的强度而不是黏结材料的强度决定的。常用砌筑块材的强度等级按抗压强度平均值表示如下。

黏土砖：MU30、MU25、MU20、MU15、MU10、MU7.5。（MU30即砖的抗压强度平均值不小于 $30.0N/mm^2$，以此类推）

石材：MU100、MU80、MU60、MU50、MU40、MU30、MU20、MU15、MU10。

水泥砌块：MU15、MU10、MU7.5、MU5、MU3.5。

混凝土小型空心砌块：MU20、MU15、MU10、MU7.5、MU5。

1）砖的分类

①按生产原料不同分为黏土砖、灰砂砖、页岩砖、煤矸石砖、水泥砖以及各种工业废料砖（如炉渣等）。

②按孔洞率不同分（从外观上看）为实心砖、空心砖和多孔砖。

③按制作工艺不同分为烧结砖和蒸压养护成型砖等。目前常用的有烧结普通砖、蒸压

粉煤灰砖、蒸压灰砂砖、烧结空心砖和烧结多孔砖。烧结普通砖指各种烧结的实心砖（包括孔洞率小于 15% 的砖），其制作的主要原材料可以是黏土、粉煤灰、煤矸石和页岩等，按功能有普通砖和装饰砖之分。黏土砖具有较高的强度和热工、防火、抗冻性能，但由于黏土材料占用农田，各大中城市已分批逐步在住宅建设中限制使用实心黏土砖。随着墙体材料改革的进程，在大量性民用建筑中曾经发挥重要作用的实心黏土砖将逐渐退出历史舞台，被各种新型墙砖产品替代。蒸压灰砂砖是以石灰和砂为主要原料，经坯料制备、压制成型、蒸压养护而成的实心砖，简称灰砂砖。蒸压粉煤灰砖是以粉煤灰为主要原料，掺加适量石膏和集料，经坯料制备、压制成型、高压蒸汽养护而成的实心砖。

④按焙烧方法不同分为内燃砖、外燃砖。内燃砖的抗压强度普遍比外燃砖高。

⑤按成品颜色分为红砖、青砖。

2）砌块的分类、尺寸及组砌

砌块与砖的区别在于砌块的外形尺寸比砖大。砌块是利用混凝土、工业废料（炉渣、粉煤灰等）或地方材料制成的人造块材，具有设备简单、砌筑速度快的优点，符合建筑工业化发展中墙体改革的要求。

①按砌块材料可分为普通混凝土砌块、加气混凝土砌块、轻骨料混凝土砌块及利用各种工业废料制成的砌块。

②按砌块在组砌中的作用与位置可分为主砌块和辅助砌块。

③按砌块单块重量及尺寸大小可分为小型砌块（高度为 115~380mm，单块重量为 20 kg）、中型砌块（高度为 380~980mm，单块重量在 20~35kg）、大型砌块（高度大于 980mm，单块重量为 35kg）。工程中，以中小型砌块使用居多。

④按砌块外观形状可分为实心砌块和空心砌块。空心砌块有单排方孔、单排圆孔和多排扁孔三种形式，其中多排扁孔对保温较为有利。

混凝土小型空心砌块由普通混凝土或轻骨料混凝土制成，常见尺寸为 390mm × 190mm × 190mm，辅助块尺寸为 290mm × 190mm × 190mm 和 190mm × 190mm × 90mm 等。混凝土小型空心砌块砌筑砂浆宜选用专用小砌块砌筑砂浆，其强度等级为 Mb15、Mb10、Mb7.5、Mb5。

煤灰硅酸盐中型砌块的常见尺寸为 240mm × 380mm × 880mm 和 240mm × 430mm × 850mm 等。

蒸压加气混凝土砌块长度多为 600mm，其中 a 系列宽度为 75mm、100mm、125mm 和 150mm，厚度为 200mm、250mm 和 300mm；b 系列宽度为 60mm、120mm、180mm 等，厚度为 240mm 和 300mm。

3）砌块砌筑要求

①砌块必须在多种规格间进行排列设计，即设计时需要在建筑平面图和立面图上进行砌块的排列，并注明每一砌块的型号。

②砌块排列设计应正确选择砌块规格尺寸，减少砌块规格类型，优先选用大规格的砌

块做主要砌块，以加快施工速度。

③空心砌块上下皮应孔对孔、肋对肋，上下皮搭接长度不小于90mm，保证有足够的受压面积。

对于空心水泥砌块来说，要做到灰缝砂浆饱满不太容易。因为除去孔洞外，砌块两侧的壁厚通常只有30mm左右，砌筑时上皮砌块的重量往往容易将砂浆挤入孔洞内。所以，用砂浆黏结的空心砌块砌体墙的灰缝较容易开裂。其实，空心砌块最合适的用途是做配筋砌体，也就是在错缝后上下仍保持对齐的孔洞内插入钢筋，同时在每皮或隔皮砌块之间的灰缝中置入钢筋网片，每砌筑若干皮砌块后，就在所有的孔洞中灌入细石混凝土。这样，空心砌块就可以被认为同时充当了混凝土模板。这样的配筋砌体墙，虽然比不上现浇剪力墙的水平抗剪能力，但整体刚度远远大于普通的砌体墙，可以使由砌体墙承重的建筑物的高度得到较大的提升。

（2）块材墙体的细部构造

墙脚是指室内地面以下到基础以上的这段墙体，内外墙均有墙脚。勒脚是外墙的墙脚，外墙与室外地坪接近的垂直部分称为勒脚，一般情况下，其高度为室内地坪与室外地面的高差。有的工程将勒脚高度提高到底层内踢脚线或窗台的高度。

勒脚所处的位置使它容易受到外界的碰撞和雨雪的侵蚀。同时，地表水和地下水所形成的地潮还会因毛细作用而沿墙身不断上升，这样既容易造成对勒脚部位的侵蚀和破坏，又容易导致底层室内墙面的底部发生抹灰粉化、脱落，装饰层表面生霉等现象，进而影响人体健康。在寒冷地区，冬季潮湿的墙体部分还可能产生冻融破坏情况，因此对部分墙面必须采取相应的构造措施。

勒脚的主要作用是保护外墙身免受地表水、屋檐雨水的倾溅，提高建筑物的坚固耐久性，增加建筑物立面的美观。当仅考虑防水和机械碰撞时，勒脚应不低于500mm，从美观的角度考虑，应结合立面处理确定。

1）勒脚的构造

勒脚作为外墙的一部分，所用的材料要坚固耐久，同时应结合建筑立面的处理进行材料色彩选择及高度确定，一般勒脚采用以下几种构造做法。

①勒脚表面抹灰：可采用20厚1∶3水泥砂浆抹面，1∶2水泥白石子浆水刷石或斩假石抹面，此法多用于一般建筑。

②勒脚贴面：可用天然石材或人工石材贴面，如花岗石、水磨石板等，其耐久性、装饰效果好，一般用于高标准建筑。

③勒脚用坚固材料：采用条石、混凝土等坚固耐久的材料代替砖勒脚。

2）散水和明沟

为保护墙基不受雨水的侵蚀，常在外墙四周将地面做成向外倾斜的坡面，以便将屋面雨水排至远处，这一坡面称为散水。散水常用材料有混凝土、水泥砂浆、卵石、块石等。干燥的地区多做散水，散水坡度为3%~5%，宽度一般为600~1000mm。散水与外墙交接处应设分格缝，散水整体面层纵向距离每隔 6~12m 做一道分格缝，分格缝内应用有弹性的防水材料嵌缝，以适应材料的温度收缩和土壤不均匀变形的变化。

另外，还可以在外墙四周做明沟，明沟是将雨水导入城市地下排水管网的排水设施。一般在年降雨量为 900mm 以上的地区采用明沟排除建筑物周边的雨水。明沟宽一般为 200mm 左右，沟底应做纵坡，坡度不小于 1%，坡向集水井，材料为混凝土、砖等，外墙与明沟之间须做散水。

3）门窗洞口构造

当墙体开设门窗洞口时，为了承受上部砌体传来的各种荷载，并把这些荷载传给两侧的墙体，常在门窗洞口上设置横梁，即门窗过梁，过梁是承重构件。

门窗洞口的水平截面面积一般不超过墙体水平截面面积的 50%。同时，开洞后窗间墙和转角墙的宽度都应当符合建筑物所在地区的相关抗震规范要求。

根据材料和构造方式不同，常见的过梁有钢筋混凝土过梁、钢筋砖过梁、平拱砖过梁、砖拱过梁等形式，后几种过梁都是在块材墙基础上发展起来的，其中砖拱过梁已经较少使用。钢筋混凝土过梁也可以制作成现浇的拱形梁，以满足门窗洞口的造型要求。

①砖拱过梁：有平拱和弧拱两种形式，其中平拱是我国的传统过梁做法。

砖拱的做法：将立砖和侧砖相间砌筑，使砖缝上宽下窄，砖对称向两边倾斜，相互挤压形成拱，用来承担荷载。平拱的适宜跨度为 1.2m 以内，弧拱的跨度较大些。

砖拱过梁节约钢材和水泥，但施工麻烦、整体性差，不宜用于上部有集中荷载、振动较大或地基承载力不均匀以及地震区的建筑。

②钢筋砖过梁：在门窗洞口上部砂浆层内配置钢筋的平砌过梁。过梁砌筑方法与一般砖墙一样，适用于清水砖墙，施工方便，但门窗洞口宽度不应超过 2m。通常将 $\phi6$ 钢筋埋于过梁底面 30mm 厚的砂浆层内，根数不少于 2 根，钢筋间距不大于 120mm，钢筋端部应弯起，伸入两端墙内不少于 240mm。洞口上 L/4 高度范围内（一般 5~7 皮砖），用不低于 M5.0 的水泥砂浆砌筑。此类过梁外观与外墙砌法相同，与清水墙面效果统一。

③钢筋混凝土过梁：承载力强，可用于较宽的门窗洞口，对洞口上部有集中荷载以及房屋的不均匀沉降、振动都有一定的适应性，坚固耐用、施工方便，目前已被广泛采用。钢筋混凝土过梁有如下几种形式。

A. 黏土实心砖墙的过梁，梁高常采用 60mm、120mm、240mm。

B. 多孔砖墙的过梁，梁高采用 90mm、180mm 等。

C. 当洞口上部有圈梁时，洞口上部的圈梁可兼作过梁，但过梁部分的钢筋应按计算用量另行增配。

D. 钢筋混凝土过梁的截面形状有矩形和 L 形，矩形截面的过梁一般用于内墙以及部分外混水墙 L 形截面过梁多用于清水墙和有保温要求的外墙。

4）窗台

窗台是窗洞下部的构造，用来排除窗外侧流下的雨水和内侧的冷凝水，且具有装饰作外窗台分为悬挑窗台和不悬挑窗台。

外窗台可以用砖砌挑出，也可以采用钢筋混凝土窗台。砖砌挑窗台施工简单、应用广泛，根据设计要求可分为 60mm 厚平砌挑砖窗台及 120mm 厚侧砌挑砖窗台。悬挑窗台向外出挑 60mm，窗台长度每边应超过窗宽 120mm。窗台表面应做抹灰或贴面处理。侧砌窗台可做水泥砂浆勾缝的清水窗台。窗台表面应做成一定的排水坡度，并应注意抹灰与窗下槛的交接处理，防止雨水向室内渗入。悬挑窗台下做滴水槽或斜抹水泥砂浆，引导雨水垂直下落不致影响窗下墙面。预制混凝土窗台施工速度快，其构造要点与砖窗台相同。如果外墙饰面为瓷砖、马赛克等容易冲洗的材料，可做不悬挑窗台，窗下墙的脏污可借不断流下的雨水冲洗干净。

位于室内的窗台称内窗台。内窗台一般水平放置，通常结合室内装修做成水泥砂浆抹面、贴面砖、木窗台板、预制水磨石窗台板等形式。

在我国严寒地区和寒冷地区，室内为暖气采暖时，为便于安装暖气片，窗台下留凹龛，称为暖气槽。暖气槽进墙一般 120mm，此时应采用预制水磨石窗台板或木窗台板，形成内窗台，预制窗台板支承在窗两边的墙上，每端伸入墙内不少于 60mm。

5）混合结构建筑墙身的抗震加固措施

混合结构是以砌体墙体作为竖向承重构件的体系，来支承其他材料（如钢筋混凝土、钢筋混凝土组合材料或木构件等）构成的屋盖系统或楼面系统的一种常用的结构体系，而抗压强度是砌体墙的砌筑块材的基本力学特征，而且砌筑砂浆是砌体墙中的薄弱环节，所以砖混结构是一种脆性结构——延性差、抗剪能力很低，而且自重及刚度大，地震荷载作用时破坏很严重。因此，为加强结构的整体性，提高结构的抗震性能，需对薄弱环节采取相应的构造措施。

6）防火墙

防火墙由不燃烧体构成，耐火极限不低于 4.0h。为减小或避免建筑、结构、设备遭受热辐射危害和防止火灾蔓延，设置竖向分隔体或直接设置在建筑物基础上或钢筋混凝土框架上具有耐火性的墙上。

防火墙是防火分区的主要建筑构件。通常防火墙有内防火墙、外防火墙和室外独立墙几种类型。根据防火规范规定，防火墙应满足以下要求：

①耐火极限不小于 4.0h；

②截断燃烧体或难燃烧体的屋顶结构，应高出非燃烧体屋面不小于 400mm，高出燃烧体或难燃烧体屋面不小于 500mm；

③建筑物的外墙如为难燃烧体，防火墙应凸出难燃烧体墙的外表面 40mm；

④防火墙内不应设置排气道，民用建筑如必须设置，其两侧的墙身截面厚度均不应小于 120mm；

⑤防火墙上不应开门窗洞口，如必须开设，应采用甲级防火门窗，并应能自行关闭。

3. 隔墙的构造

隔墙是分割室内空间的非承重构件。在现代建筑中，为了提高平面布局的灵活性，大量采用隔墙以适应建筑功能的变化。由于隔墙不承受任何外来荷载，且本身的重量还要由楼板或墙下小梁来承受，因此对隔墙有以下要求：

●自重轻，有利于减轻楼板的荷载；

●厚度薄，增加建筑的有效空间；

●便于拆卸，能随使用要求的改变而变化；

●有一定的隔声能力，使各个房间互不干扰；

●满足不同使用部位的要求，如卫生间的隔墙要求防水、防潮，厨房的隔墙要求防潮、防火等。

隔墙的类型很多，按其构造方式可分为砌筑隔墙、轻骨架隔墙和板材隔墙三大类。

（1）砌筑隔墙

砌筑隔墙是由普通砖、空心砖、加气混凝土等块材砌筑而成的，常见的有半砖隔墙、砌块隔墙和框架填充墙。

1）半砖隔墙

普通砖隔墙一般采用半砖隔墙，即用普通黏土砖采用全顺式砌筑而成。

半砖隔墙构造做法如下：

①为保证隔墙不承重，隔墙顶部与楼板相接处，应斜砌一皮砖，或留约 30mm 的空隙塞木楔打紧，然后用砂浆填缝；

②隔墙两端的承重墙须留出马牙槎，并沿墙高每隔 500mm 砌入 2Φ6 拉结钢筋，且深入隔墙不小于 500mm，还应沿隔墙高度每隔 1200mm 设一道 30mm 厚水泥砂浆层，内放 2Φ6 钢筋；

③隔墙上有门时，要预埋铁件或将带有木楔的混凝土预制块砌入隔墙中以固定门框。半砖隔墙坚固耐久，有一定的隔声能力，但自重大、湿作业多、施工麻烦。

2）砌块隔墙

为了减少隔墙的重量，可采用质轻块大的各种砌块，目前最常用的是由加气混凝土砌块、矿渣空心砖、陶粒混凝土砌块等砌筑的隔墙。隔墙厚度由砌块尺寸而定，一般为 90~120mm。砌块墙大多具有重量轻、孔隙率大、隔热性能好等优点，但砌块隔墙吸水性强，因此砌筑时应在墙下先砌 3~5 皮黏土砖，砌块隔墙厚度较薄，也需采取加强稳定性措施，其方法与半砖隔墙类似。

3）框架填充墙

框架体系的围护和分隔墙体均为非承重墙，填充墙是用砖或轻质混凝土块材砌筑在框架梁柱之间的墙体，填充墙既可用于外墙，也可用于内墙，施工顺序为框架主体完工后，再砌筑填充墙体。

当砌墙作为填充墙使用时，其构造要点主要体现在墙体与周边构件的拉结、合适的高厚比、其自重的支承以及避免成为承重的构件。其中，前两点涉及墙身的稳定性，后两点涉及结构的安全性。框架填充墙支承在梁上或板、柱体系的楼板上，为了减轻自重，通常采用空心砖或轻质砌块。墙体的厚度视块材尺寸而定，用于外围护墙等有较高隔声和热工性能要求时，墙体不宜过薄，一般在 200mm 以上。

轻质块材通常吸水性较强，有防水、防潮要求时，应在墙下先砌 3~5 皮吸水率低的砖。

填充墙与框架之间应有良好的连接。填充墙的加固稳定措施与半砖隔墙类似。在骨架承重体系的建筑中，柱子上面每 500mm 高左右就会留出拉结钢筋，以便在砌筑填充墙时将拉结钢筋砌入墙体的水平灰缝内，水平方向每隔 2~3m 需设置构造立柱；门框的固定方式与半砖隔墙相同，但超过 3.3m 的较大洞口，需在洞口两侧加设钢筋混凝土构造柱。

（2）轻骨架（立筋式）隔墙

轻骨架隔墙由骨架和面层两部分组成，由于轻骨架隔墙的面板本身不具有必要的刚度，难以自立成墙，因此先制作一个骨架，再在其表面覆盖面板。由于是先立墙筋（骨架），再做面层，因而又称为立筋式隔墙。

1）骨架

常用的骨架有木骨架和型钢骨架。为节约木材和钢材，出现了不少采用工业废料、地方材料及轻金属制成的骨架，如石棉水泥骨架、浇注石膏骨架、水泥刨花骨架、轻钢和铝合金骨架等。龙骨又分为上槛、下槛、纵筋（竖筋）、横筋和斜撑。

2）面层

轻骨架隔墙的面层常用人造板材面层，如胶合板、硬质纤维板、石膏板、塑料板等。人造板材面层可用木骨架或轻钢骨架。胶合板是用阔叶树或松木经旋切、胶合等多种工序制成；硬质纤维板是用碎木加工而成；石膏板是用一、二级建筑石膏加入适量纤维、黏结剂、发泡剂等经辊压等工序制成。胶合板、硬质纤维板等以木材为原料的板材多用木骨架。石膏面板多用石膏或轻钢骨架。隔墙的名称以面层材料而定，如轻钢龙骨纸面石膏板隔墙。

人造板材与骨架的关系有两种：一种是在骨架的两面或一面用压条压缝或不用压条压缝，即贴面式；另一种是将板材置于骨架中间，四周用压条压住，称为镶板式。

人造板材在骨架上的固定方法有钉、粘、夹三种。采用轻钢骨架时，往往用骨架上的舌片或特制的夹具将面板卡到轻钢骨架上。这种做法简便、迅速，有利于隔墙的组成和拆卸。

龙骨在安装时，一般先安装上、下槛，然后再安装两侧的纵筋，最后是中间的纵筋、横筋和斜撑（有必要时）。这样安装，一方面上、下槛和边上的纵筋较容易通过螺栓、胶合剂等方式与上、下楼（地）板以及两侧现有的墙体或柱子等构件连接；另一方面通过上、下槛来固定纵筋，如果反过来先行安装纵筋，为了达到隔墙的稳定性，而需将纵筋上、下撑紧，这时隔墙上方的荷载就有可能通过纵筋传递到其下方，使得轻隔墙变成承重墙，这是不合理甚至是危险的。

（3）条板类（板材）隔墙

板材隔墙所选用的材料是具有一定厚度和刚度的条形板材，单板相当于房间净高，面积较大，不依赖于骨架直接装配而成的隔墙。板材隔墙具有自重轻、安装方便、施工速度快、工业化程度高等特点。

常采用的板材有预制条板（如加气混凝土条板）、碳化石灰板、石膏珍珠岩板、水泥钢丝网夹芯板、复合彩色钢板等，其安装时不需要内骨架支承。下面以常见的两种条板为例加以讲解。

预制条板的厚度一般为 60~100mm，宽度为 600~1000mm，长度略小于房间净高。

安装时，条板下部选用小木楔顶紧，然后用细石混凝土堵严板缝，用胶黏剂黏结，并用胶泥刮缝，平整后再做表面装修。

水泥钢丝网夹芯板复合墙板（又称为泰柏板）是以 50mm 厚的阻燃型聚苯乙烯泡沫塑料整板为芯材，两侧钢丝网间距 70mm，钢丝网格间距 50mm，每个网格焊一根腹丝，腹丝倾角 45°，两侧喷抹 30mm 厚水泥砂浆或小豆石混凝土，总厚度为 110mm，定型产品规格为 1200mm×2400mm×70mm。

水泥钢丝网夹芯板复合墙板安装时，先放线，然后在楼面和顶板处设置锚筋或固定 U 形码，将复合墙板与之可靠连接，并用锚筋及钢筋网加强复合墙板与周围墙体、梁、柱的连接。

（4）活动隔墙

活动隔墙可分为拼装式、滑动式、折叠式、悬吊式、卷帘式和起落式等多种形式，其主体部分的制作工艺可以参照门扇的做法，其移动有上、下两条轨道，或者是只由上轨道来控制和实现。

悬吊的活动隔墙一般不用下面的轨道，可以使地面完整，不妨碍行走以及地面的美观，但需要有临时固定的措施来保证其使用时的稳定性。

（5）常用的隔断

常用的隔断有屏风式、镂空式、玻璃墙式、移动式以及家居式等。隔断与周边构件的联系往往不如隔墙那样紧密，因此在安装时更应注意其稳定性。

4. 幕墙

板材以外墙形式悬挂于主体结构上，因形象类似悬挂的幕而得名幕墙。按面板材料的不同，常见的幕墙种类有玻璃幕墙、铝板幕墙、石材幕墙等。

幕墙构造具有如下特征：幕墙不承重，但承受风荷载，并通过连接件将自重和风荷载传给主体结构，装饰效果好，安装速度快，施工质量也容易得到保证，是外墙轻型化、装配化的理想形式。

幕墙应有一定的防雷和防火安全措施，幕墙自身应形成防雷体系，而且与主体建筑的防雷装置可靠连接。幕墙在与主体建筑的楼板、内隔墙交接处的空隙，必须采用岩棉、矿棉、玻璃棉等难燃材料填缝，并采用厚度在 1.5mm 以上的镀锌耐热钢板（不能用铝板）封口。接缝处与螺丝口应该另用防火密封胶封堵。幕墙在窗间墙、窗槛墙处的填充材料应该采用不燃材料，除非外墙面采用耐火极限不小于 1.0h 的不燃烧体，该材料才可改为难燃材料。

如果幕墙不设窗间墙和窗槛墙，则必须在每层楼板外沿设置高度不小于0.80m的不燃烧实体墙裙，其耐火极限应不小于1.0h。

（1）玻璃幕墙

玻璃幕墙用的玻璃必须是安全玻璃，如钢化玻璃。夹层玻璃或者用以上玻璃组成的中空玻璃，边缘没有利口，不易伤人。

玻璃幕墙根据其承重方式不同分为有框式玻璃幕墙、全玻璃幕墙、点支承玻璃幕墙和双层玻璃幕墙。

1）有框式玻璃幕墙

幕墙与主体建筑之间的连接构件系统，通常会做成框格的形式，有框式玻璃幕墙指玻璃面板周边由金属框架支承的玻璃幕墙。

玻璃幕墙按构造方式可分为如下三种。

①明框玻璃幕墙：金属框架的构件显露于面板外表面（框格全部暴露出来）。

②半隐框玻璃幕墙：金属框架的竖向或横向构件显露于面板外表面（垂直或者水平两个方向的框格杆件只有一个方向暴露出来）。

③隐框玻璃幕墙：金属框架的构件完全不显露于面板外表面（框格全部隐藏在面板之下）。明框玻璃幕墙的安装类似窗玻璃的安装，将玻璃嵌入金属框内，因而将金属框暴露；隐框玻璃幕墙制作玻璃板块，将玻璃和铝合金框用结构胶黏结，最后采用压块或挂钩的方式与立柱、横梁连接；半隐框玻璃幕墙通常是在隐框玻璃幕墙的基础上，加上竖向或横向的装饰线条构成。明框、隐框和半隐框玻璃幕墙可以形成不同的立面效果，设计人员可根据建筑设计的总体情况进行选择。

有框式玻璃幕墙的安装分为现场组装式和组装单元式。

①现场组装式：在现场先将连接杆件系统固定在建筑物主体结构的承重柱、墙、梁或者楼板上的预埋件上，幕墙面板用螺栓或卡具逐一安装到连接杆上。

②组装单元式：将面板和金属框架（立柱、横梁）在工厂组装为幕墙单元，以幕墙单元形式在现场完成安装施工。

构件式玻璃幕墙造价低，对施工条件要求不高，应用广泛。单元式玻璃幕墙安装速度快，工厂化程度高，质量容易控制，是幕墙设计施工发展的方向。

2）全玻璃幕墙

全玻璃幕墙的面板以及与建筑物主体结构的连接构件都由玻璃构成，连接构件通常做成肋的形式，并且悬挂在主体结构的受力构件上，特别是较高大的全玻璃幕墙，目的是不让玻璃肋受压。玻璃肋可以落地，也可以不落地，但落地时应该与该楼地面以及楼地面的装修材料之间留有缝隙，以确保玻璃肋不成为受压构件。肋玻璃垂直于面玻璃设置，以加强面玻璃的刚度。肋玻璃与面玻璃可采用结构黏结，也可以通过不锈钢爪件连接。面玻璃的厚度不宜小于10mm，肋玻璃的厚度不应小于12mm，截面高度不应小于100mm。

全玻璃幕墙的玻璃固定有两种方式，即下部支承式和上部悬挂式。当幕墙的高度不太大时，可以用下部支承的非悬挂系统。当幕墙高度更大时，为避免面玻璃和肋玻璃在自重作用下因变形而失去稳定，需采用悬挂的支承系统，这种系统有专门的吊挂机构在上部抓住玻璃，以保证玻璃的稳定。

3）点支承玻璃幕墙

点支承玻璃幕墙是由玻璃面板、支承装置和支承结构构成的玻璃幕墙，采用在面板上穿孔的方法，用金属"爪"来固定幕墙面板。这种方法多用于需要有大片通透效果的玻璃幕墙上。其中，支承结构可分为杆件体系和索杆体系两种。杆件体系是由刚性构件组成的结构体系。索杆体系是由拉索、拉杆和刚性构件等组成的预拉力结构体系。常见的杆件体系有钢立柱和钢桁架，索杆体系有钢拉索、钢拉杆和自平衡索架。

连接玻璃面板与支承结构的支承装置由爪件、连接件以及转接件组成。爪件根据固定点数可分为四点式、三点式、两点式和单点式，常采用不锈钢制作。爪件通过转接件与支承结构连接，转接件一端与支承结构焊接或内螺纹套接，另一端通过内螺纹与爪件套接。

转接件以螺栓方式固定玻璃面板，并通过螺栓与爪件连接。

点支承玻璃幕墙的玻璃面板必须采用钢化玻璃。玻璃面板形状通常为矩形，采用四点支承，根据情况也可采用六点支承，对于三角形玻璃面板可采用三点支承。

（2）铝板幕墙

铝板幕墙是金属板材幕墙中用得最多的一种。其组成与隐框玻璃幕墙类似，采用框支承力方式，也需要制作铝板板块。铝板板块通过铝角与幕墙骨架连接。

铝板板块由加劲肋和面板组成。板块的制作需要在铝板的背面设置边肋和中肋等加劲肋。在制作板块时，铝板应四周折边以便与加劲肋连接。加劲肋常采用铝合金型材，以槽形和角形型材为主。面板与加劲肋之间的连接方法通常有铆接、焊接、螺栓连接以及化学黏结等。为了方便板块与骨架体系的连接，需要在板块的周边设置铝角，铝角一端一般通过铆接方式固定在板块上，另一端采用自攻螺丝固定在骨架上。

（3）石材幕墙

石材幕墙的构造一般采用框架支承结构，因石材面板连接方式的不同，可分为钢销式、槽式和背栓式等。

1）钢销式连接需在石材的上下两边或四边开设销孔，石材通过钢销以及连接板与幕墙骨架连接。钢销式连接拓孔方便，但受力不合理，容易出现应力集中而导致石材局部破坏，使用受到限制，所适用的幕墙高度不宜大于20m，石板面积不宜大于1m²。

2）槽式连接需在石材的上下两边或四边开设槽口，与钢销式连接相比，其适应性更强。根据槽口的大小其又可分为短槽式和通槽式两种。短槽式连接的槽口较小，通过连接片与幕墙骨架连接，对施工安装的要求较高。通槽式连接槽口为两边或四边通长，通过通长铝合金型材与幕墙骨架连接，主要用于单元式幕墙中。

3）背栓式连接与钢销式及槽式连接不同，它将连接石材面板的部位放在面板背部，改善了面板的受力。其通常先在石材背面钻孔，插入不锈钢背栓，并扩胀使之与石板紧密连接，然后通过连接件与幕墙骨架连接。

5. 墙面装修

（1）墙面装修的作用

墙面装修是建筑装修中的重要内容，它对提高建筑的艺术效果、美化和装饰环境有很重要的作用，同时还具有保护墙体和改善墙体性能的作用。

不同的建筑风格对墙面的材质和色彩提出了不同的要求。根据墙面是否再装修，可以将墙面分为清水墙面和浑水墙面。

清水墙面是反映墙体材料自身特质、不需要另外进行装修处理的墙面。墙体材料可以通过自身的砌筑方式形成材料的肌理和墙面划分，如砖墙的"梅花丁"砌筑方式——墙体丁砖和顺砖相间砌筑而成，墙面美观，常用于清水墙面。有的墙体材料因为自身无法完全解决保温、隔热、防水等方面的要求，必须通过墙面装修来完善墙体所需的建筑功能，如砌块墙宜作外饰面，也可采用带饰面的砌块以提高墙体的防渗能力，改善墙体的热工性能。因此，浑水墙面是采用不同于墙身基层的材料和色彩进行装修处理的墙面。

（2）墙面装修分类

1）按装修所处部位分类

按装修所处部位不同可分为室外装修和室内装修两类。

室外装修要求采用强度高、抗冻性强、耐水性好以及具有抗腐蚀性的建筑材料。室内装修则由室内使用功能来决定。

2）按材料及施工方式分类

按材料及施工方式不同可分为抹灰类、贴面类、涂料类、裱糊类和铺钉类等五大类。

（3）墙面装修的构造

1）抹灰类墙面装修

抹灰又称粉刷，是我国传统的饰面做法，它是由水泥、石灰膏作为胶结材料加入砂或石渣与水拌和成砂浆或石渣浆，抹到墙面上的一种操作工艺，属湿作业。其材料来源广泛、施工简单、造价低，通过工艺的改变可以获得多种装饰效果，因此在建筑墙体装饰中应用广泛。

为保证抹灰质量，做到表面平整、黏结牢固、色彩均匀、不开裂，施工时须分层操作，一般分三层，即底层（灰）、中层（灰）、面层（灰）。

2）贴面类墙面装修

贴面类装修是指将各种天然石材或人造板、块，通过绑、挂或直接粘贴于基层表面的装修做法。它具有耐久性好、装饰效果好、易清洗、防水等优点。常用的贴面材料有：花岗岩板和大理石板等天然石板；水磨石板、水刷石板、剁斧石板等人造石板以及面砖、瓷砖、锦砖等陶瓷和玻璃制品。其中，质地细腻、耐候性差的材料常用于室内装修，如瓷砖、大理石板等；而质感粗放、耐候性较好的材料多用于室外装修，如陶瓷面砖、马赛克、花岗岩板等。

3）涂刷类墙面装修

涂刷类墙面装修是指利用各种涂料涂敷于基层表面而形成完整牢固的膜层，起到保护和装饰墙面作用的一种装修做法，是饰面装修中最简便的一种形式。与传统的墙面装修相比，尽管大多数涂料的使用年限较短，但由于其具有造价低、装饰性好、工期短、工效高、自重轻以及施工操作和维修方便、更新快等特点，因而在建筑上得到广泛的应用和发展。

建筑中涂料的品种很多，选用时应根据建筑物的使用功能、墙体周围环境、墙身不同部位以及施工和经济条件等，选择附着力强、耐久、无毒、耐污染、装饰效果好的涂料。用于外墙面的涂料，应具有良好的耐久、耐冻、耐污染性能。内墙涂料除应满足装饰要求外，还需有一定的强度和耐擦洗性能。炎热多雨地区选用的涂料，应有较好的耐水性、耐高温性和防霉性。寒冷地区则对涂料的抗冻融性及成膜温度有要求。按涂刷材料种类不同，一般可分为无机涂料、有机涂料和油漆。普通无机涂料，如石灰浆、大白浆、可赛银浆等，多用于一般标准的室内装修；有机涂料依其主要成膜物质和稀释剂的不同，有溶剂型涂料、水溶性涂料和乳液涂料三类。

4）裱糊类墙面装修

裱糊类墙面装修是将各种装饰性的墙纸、墙布、织锦等卷材类的装饰材料裱糊在墙面上的一种装修做法。

常用的装饰材料有 PVC 塑料壁纸、复合壁纸、玻璃纤维墙布和无纺墙布等。

裱糊类墙体饰面装饰性强、造价较经济、施工方法简捷高效、材料更换方便，并且在曲面和墙面转折处粘贴可以顺应基层，获得连续的饰面效果。

墙纸是室内装饰常用的饰面材料，不仅广泛用于墙面装饰，也可用于吊顶饰面。它具有色彩及质感丰富、图案装饰性强、易于擦洗、价格便宜、更换方便等优点。

目前采用的墙纸多为塑料墙纸，分为普通纸基墙纸、发泡墙纸和特种墙纸等。普通纸基墙纸价格较低，可以用单色压花方式制作出仿丝绸、织锦质感，也可用印花压花方式制作色彩丰富、具有立体感的凹凸花纹。发泡墙纸经过加热发泡可制成具有装饰和吸声双重功能的凹凸花纹，图案真实，立体感强，具有弹性，是目前最常用的墙纸。特种墙纸有耐水墙纸、防火墙纸、木屑墙纸、金属墙纸、彩砂墙纸等用于有特殊功能或特殊装饰效果要求的场所。

常用的墙布有玻璃纤维墙布和无纺墙布。玻璃纤维墙布是以玻璃纤维布为基材，经染色、印花等工艺制成。玻璃纤维墙布强度大、韧性好，具有布质纹路，装饰效果好，耐水、耐火，可擦洗；但是遮盖力较差，基层颜色有深浅差异时，容易在裱糊完的饰面上显现出来，饰面遭到磨损时，会散落少量玻璃纤维，因此应注意保养。无纺墙布是采用天然纤维或合成纤维经过无纺成型为基材，经染色、印花等工艺制成的一种新型高级饰面材料。无纺墙布色彩鲜艳、不褪色，富有弹性、不易折断，表面光洁且有羊绒质感，有一定透气性，可以擦洗，施工方便。

5）铺钉类墙面装修

铺钉类墙面装修是将各种天然或人造薄板镶钉在墙面上的装修做法，其构造与骨架隔墙相似，由骨架和面板两部分组成。施工时先在墙面上立骨架（墙筋），然后在骨架上铺定装饰面板。骨架分木骨架和金属骨架两种。室内墙面装修用面板，一般采用硬木条板、胶合板、纤维板、石膏板及各种吸声板。

6.淋水墙面的防水处理

淋水墙面可以先用添加外加剂的防水砂浆打底，然后再做饰面层。如果墙面需要先立墙筋，可以在墙筋与墙体基层之间附加一层防水卷材。同样，在共用该淋水墙面的相邻房间，为了避免渗水，面层也可以做同样的处理。

值得注意的是，用水的房间经常有埋墙的管道，特别是二次装修过程中开凿墙面安装管道，往往因为急于施工，一次将修补墙面用的水泥砂浆做得很厚，或者对修补用的砂浆出现裂缝也不做处理，这些都是发生渗水的隐患。因为淋水墙面常常会做面砖面层，而面砖本身不防水，一旦水从这些缝隙中渗入墙体内，很不容易排出，这些隐患部位都是需要施工时多加注意的。

第二节　建筑平面设计

一般而言，一幢建筑物是由若干单体空间有机地组合起来的整体空间，任何空间都具有三度性。因此，在进行建筑设计的过程中，人们常从平面、剖面、立面三个不同方向的投影来综合分析建筑物的各种特征，并通过相应的图示来表达其设计意图。

建筑的平面、剖面、立面设计三者是密切联系而又互相制约的。平面设计是关键，集中反映了建筑平面各组成部分的特征及其相互关系、使用功能的要求、是否经济合理。除此之外，建筑平面与周围环境的关系，建筑是否满足建筑平面设计的要求，还不同程度地反映建筑空间艺术构思及结构布置关系等。一些简单的民用建筑，如办公楼、单元式住宅等，其平面布置基本上能反映建筑空间的组合。因此，在进行方案设计时，总是先从平面入手，同时认真分析剖面及立面的可能性和合理性，及其对平面设计的影响。只有综合考虑平、立、剖三者的关系，按完整的三度空间概念去进行设计，才能做好一个建筑设计。

1.平面设计的内容

民用建筑类型繁多，各类建筑房间的使用性质和组成类型也不相同。无论是由几个房间组成的小型建筑物或由几十个甚至上百个房间组成的大型建筑物，从组成平面各部分的使用性质来分析，均可归纳为以下两个组成部分：使用部分和交通联系部分。

使用部分是指各类建筑物中的主要使用房间和辅助使用房间。主要使用房间是建筑物的核心，由于它们的使用要求不同，形成了不同类型的建筑物。如住宅中的起居室、卧室，教学楼中的教室、办公室，商业建筑中的营业厅，影剧院的观众厅等都是构成各类建筑的基本空间。

辅助使用房间是为保证建筑物主要使用要求而设置的，与主要使用房间相比，则属于建筑物的次要部分，如公共建筑中的卫生间、贮藏室及其他服务性房间，住宅建筑中的厨房、厕所，一些建筑物中的贮藏室及各种电气、水、采暖、空调通风、消防等设备用房。

交通联系部分是建筑物中各房间之间，楼层之间和室内与室外之间联系的空间，如各类建筑物中的门厅、走道、楼梯间、电梯间等。

以上几个部分由于使用功能不同，在房间设计及平面布置上均有不同，设计中应根据不同要求区别对待，采用不同的方法。建筑平面设计的任务就是充分研究几个部分的特征和相互关系，以及平面与周围环境的关系，在各种复杂的关系中找出平面设计的规律，使建筑能满足功能、技术、经济、美观的要求。

建筑平面设计包括单个房间平面设计及平面组合设计。

单个房间设计是在整体建筑合理而适用的基础上，确定房间的面积、形状、尺寸以及门窗的大小和位置。

平面组合设计是根据各类建筑功能要求，抓住主要使用房间、辅助使用房间、交通联系部分的相互关系，结合基地环境及其他条件，采取不同的组合方式将各单个房间合理地组合起来。

建筑平面设计所涉及的因素很多，如房间的特征及其相互关系、建筑结构类型及其布局、建筑材料、施工技术、建筑造价、节约用地以及建筑造型等方面的问题。

因此，平面设计实际上就是研究解决建筑功能、物质技术、经济及美观等问题。

2. 建筑平面的组合设计

每一幢建筑物都是由若干房间组合而成的。建筑平面组合涉及的因素有很多，如基地环境、使用功能、物质技术、建筑美观、经济条件等。进行组合设计时，必须在熟悉各组成部分的基础上，紧密结合具体情况，通过调查研究，综合分析各种制约因素，分清主次，认真处理好各方面的关系，如建筑内部与总体环境的关系，建筑物内部各房间与整个建筑之间的关系，建筑使用要求与物质技术、经济条件之间的关系等。在组合过程中反复思考，不断调整修改，使平面设计趋于完善。建筑平面的组合，实际上是建筑空间在水平方向的组合，这一组合必然导致建筑物内外空间和建筑形体在水平方向予以确定，因此在进行平面组合设计时，可以及时勾画建筑物形体的立体草图，考虑这一建筑物在三度空间中可能出现的空间组合及其形象，即从平面设计入手，但是着眼于建筑空间的组合。如何将单个房间与交通联系部分组合起来，使之成为一个使用方便、结构合理、体形简洁、构图完整、造价经济及与环境协调的建筑物，这就是平面组合设计的任务。

（1）影响平面组合的因素

不同的建筑，由于性质不同，也就有不同的功能要求。一幢建筑物的合理性不仅体现在单个房间上，而且很大程度取决于各种房间功能要求的组合上。如教学楼设计中，虽然教室、办公室本身的大小、形状、门窗布置均满足使用要求，但它们之间的相互关系及走道、门厅、楼梯的布置不合理，就会造成不同程度的干扰，人流交叉、使用不便。因此，可以说使用功能是平面组合设计的核心。

平面组合的优劣主要体现在合理的功能分区及明确的流线组织两个方面。当然，采光、通风朝向等要求也应予以充分的重视。

1）合理的功能分区。合理的功能分区是将建筑物若干部分按不同的功能要求进行分类，并根据它们之间的密切程度加以划分，使之分区明确，联系方便。在分析功能关系时，常借助于功能分析图来形象地表示各类建筑的功能关系及联系顺序。按照功能分析图将性质相同，联系密切的房间邻近布置或组合在一起，将使用中有干扰的部分适当分隔。这样，既满足联系密切的要求，又能创造相对独立的使用环境。

具体设计时，可根据建筑物不同的功能特征，从以下几个方面进行分析：

①主次关系。组成建筑物的各房间，按使用性质及重要性必然存在着主次之分。在平面组合时应分清主次、合理安排。如教学楼中，教室、实验室是主要使用房间，办公室、管理室、厕所等则属于次要房间；居住建筑中的居室是主要房间，厨房、厕所、贮藏室是次要房间；商业建筑中的营业厅，影剧院中的观众厅、舞台皆属主要房间。

平面组合中，一般是将主要使用房间布置在朝向较好的位置，靠近主要出入口，并有良好的采光通风条件，次要房间可布置在条件较差的位置。

②内外关系。各类建筑的组成房间中，有的对外联系密切，直接为公众服务，有的对内关系密切，供内部使用。如办公楼中的接待室、传达室是对外的，而各种办公室是对内的。又如影剧院的观众厅、售票房、休息厅、公共厕所是对外的，而办公室、管理室、贮藏室是对内的。平面组合时应妥善处理功能分区的内外关系，一般是将对外联系密切的房间布置在交通枢纽附近，位置明显便于直接对外，而将对内性强的房间布置在较隐蔽的位置。

③联系与分隔。在分析功能关系时，常根据房间的使用性质如"闹"与"静"，"清"与"污"等方面反映的特性进行功能分区，使其既分隔而互不干扰且又有适当的联系。如教学楼中的普通教室和音乐教室同属教室，它们之间联系密切，但为防止声音干扰，必须适当隔开；教室与办公室之间要求方便联系，但为了避免学生影响教师的工作，需适当隔开。

2）明确的流线组织。各类民用建筑，因使用性质不同，往往存在着多种流线，归纳起来分为人流及货流两类。所谓流线组织明确，即是要使各种流线简捷、通畅，不迂回逆行，尽量避免相互交叉。

在建筑平面设计中，各房间一般是按使用流线的顺序关系有机地组合起来的。

因此，流线组织合理与否，直接影响到平面组合是否紧凑、合理，平面利用是否经济等。如展览馆建筑，各展室常常是按人流参观路线的顺序连贯起来。火车站建筑有旅客进出站路线、行包线，人流路线按先后顺序为到站——问讯——购票——候车——检票——上车，出站时经由站台验票出站。平面布置时以人流线为主，使进出站及行包线分开，并尽量缩短各种流线的长度。

（2）结构类型

建筑结构与材料是构成建筑物的物质基础，在很大程度上影响着建筑的平面组合。因此，平面组合在考虑满足使用功能要求的前提下，应选择经济合理的结构方案，并使平面组合与结构布置协调一致。

目前民用建筑常用的结构类型有三种，即混合结构、框架结构、空间结构。

1）混合结构。建筑物的主要承重构件有墙、柱、梁板、基础等，以砖墙和钢筋混凝土梁板的混合结构最为普遍。这种结构形式的优点是构造简单、造价较低，其缺点是房间尺寸受钢筋混凝土梁板经济跨度的限制，室内空间小，开窗也受到限制，仅适用于房间开间和进深尺寸较小、层数不多的中小型民用建筑，如住宅、中小学校、医院及办公楼等。

混合结构根据受力方式可分为横墙承重、纵墙承重、纵横墙承重等三种方式。对于房间开间尺寸部分相同，且符合钢筋混凝土板经济跨度的重复小间建筑，常采用横墙承重。当房间进深较统一，进深尺寸较大且符合钢筋混凝土板的经济跨度但开间尺寸多样，要求布置灵活时，可采用纵墙承重，如要求开间较大的教学楼、办公楼等。

2）框架结构。框架结构的主要特点是承重系统与非承重系统有明确的分工，支承建筑空间的骨架如梁、柱是承重系统，而分隔室内外空间的围护结构和轻质隔墙是不承重的。这种结构形式强度高，整体性好，刚度大，抗震性好，平面布局灵活性大，开窗较自由，但钢材、水泥用量大，造价较高，适用于开间、进深较大的商店、教学楼、图书馆之类的公共建筑以及多高层住宅、旅馆等。

3）空间结构。随着建筑技术、建筑材料和结构理论的进步，新型高效的建筑结构也在飞速地发展，出现了各种大跨度的新型空间结构，如薄壳、悬索、网架等。

这类结构用材经济，受力合理，并为解决大跨度的公共建筑提供了有利条件。

（3）设备管线

民用建筑中的设备管线主要包括给水、排水、采暖、空气调节以及电气照明、通信等所需的设备管线，它们都占有一定的空间。在进行平面组合时，除应考虑一定的设备位置，恰当地布置相应的房间，如厕所、盥洗间、配电室、空调机房、水泵房等以外，对于设备管线比较多的房间，如住宅中的厨房、厕所，学校、办公楼中的厕所、盥洗间，旅馆中的客房卫生间、公共卫生间等，在满足使用要求的同时，应尽量将设备管线集中布置、上下对齐，方便使用，有利于施工和节约管线。

（4）建筑造型

建筑平面组合除受到使用功能、结构类型、设备管线的影响外，建筑造型在一定程度上也影响到平面组合。当然，造型本身是离不开功能要求的，它一般是内部空间的直接反映。但是，简洁、完整的造型要求以及不同建筑的外部性格特征又会反过来影响平面布局及平面形状。一般说来，简洁、完整的建筑造型无论对缩短内部交通流线，还是对于结构简化、节约用地、降低造价以及抗震性能等都是极为有利的。

（5）平面组合形式

各类建筑由于使用功能不同，房间之间的相互关系也不同。有的建筑由一个个大小相同的重复空间组合而成，它们彼此之间没有一定的使用顺序关系，各房间形成既联系又相对独立的封闭形房间，如学校、办公楼；有的建筑主要有一个大房间，其他均为从属房间，环绕着这个大房间布置，如电影院、体育馆；有的建筑，房间按一定序列排列而成，即排列顺序完全按使用联系顺序而定，如展览馆、火车站等。平面组合就是根据使用功能特点及交通路线的组织，将不同房间组合起来。这些平面组合大致可以归纳为如下几种形式：

1）走道式组合。走道式组合的特点是使用房间与交通联系部分明确分开，各房间沿走道（走廊）一侧或两侧并列布置，房间门直接开向走道，通过走道相互联系；各房间基本上不被交通穿越，能较好地保持相对独立性。走道式组合的优点是各房间有直接的天然采光和通风，结构简单施工方便等。因此，这种形式广泛应用于一般性的民用建筑，特别适用于房间面积不大、数量较多的重复空间组合，如学校、宿舍、医院旅馆等。

2）套间式组合。套间式组合的特点是用穿套的方式按一定的序列组织空间。房间与房间之间相互穿套，不再通过走道联系。这种形式通常适用于房间的使用顺序和连续性较强，使用房间不需要单独分隔的情况，如展览馆、火车站、浴室等建筑类型。套间式组合按其空间序列的不同又可分为串联式和放射式两种。串联式是按一定的顺序关系将房间连接起来，放射式是将各房间围绕交通枢纽呈放射状布置。

3）大厅式组合。大厅式组合是以公共活动的大厅为主，穿插布置辅助房间。这种组合的特点是主体房间使用人数多、面积大、层高大，辅助房间与大厅相比，尺寸大小悬殊，常布置在大厅周围并与主体房间保持一定的联系。

4）单元式组间。将关系密切的房间组合在一起成为一个相对独立的整体，称为单元。将一种或多种单元按地形和环境情况在水平或垂直方向重复组合起来成为一幢建筑，这种组合方式称为单元式组合。

单元式组合的优点是能提高建筑标准化，节省设计工作量，简化施工，同时功能分区明确，平面布置紧凑。单元与单元之间相对独立，互不干扰。除此以外，单元式组合布局灵活，能适应不同的地形，形成多种不同组合形式，因此广泛用于民用建筑，如住宅、学校、医院等。

以上是民用建筑常用的平面组合形式，随着时代的发展，使用功能也必然会发生变化，加上新结构、新材料、新设备的不断出现，新的形式将会层出不穷，如自由灵活的大空间分隔形式及庭院式空间组合形式等。

3. 建筑平面组合与总平面的关系

任何一幢建筑物（或建筑群）都不是孤立存在的，而是处于一个特定的环境之中，它在基地上的位置形状、平面组合、朝向、出入口的布置及建筑造型等都必然受到总体规划及基地条件的制约。由于基地条件不同，相同类型和规模的建筑会有不同的组合形式，即使是基地条件相同，由于周围环境不同，其组合也不会相同。

为使建筑既满足使用要求，又能与基地环境协调一致，首先必须做好总平面设计，即根据使用功能要求，结合城市规划的要求、场地的地形地质条件、朝向、绿化以及周围建筑等因地制宜地进行总体布置，确定主要出入口的位置，进行总平面功能分区，在功能分区的基础上确定单体建筑的布置。

总平面功能分区是将各部分建筑按不同的功能要求进行分类，将性质相同、功能相近、联系密切、对环境要求一致的部分划分在一起，组成不同的功能区，各区相对独立并成为一个有机的整体。

进行总平面功能分析，一般应考虑以下几点要求：

（1）各区之间相互联系的要求。如中学教室、实验室、办公室、操场等之间是如何联系的，它们之间的交通关系又是如何组织的。

（2）各区相对独立与分隔的要求。如学校的教师用房（办公、备课及教工宿舍）既要考虑与教室有较方便的联系又要求有相对的独立性，避免干扰，并适当分隔。

（3）室内用房与室外场地的关系。可通过交通组织、合理布置各出入口来加以解决。

第三节　建筑剖面

剖面设计确定建筑物各部分高度、建筑层数、建筑空间的组合与利用，以及建筑剖面中的结构、构造关系等。它与平面设计是从两个不同的方面来反映建筑物内部空间的关系。平面设计着重解决内部空间的水平方向上的问题。而剖面设计则主要研究竖向空间的处理，两个方面同样都涉及建筑的使用功能、技术经济条件、周围环境等问题。

剖面设计主要包括以下内容：确定房间的剖面形状、尺寸及比例关系；确定房屋的层数和各部分的标高，如层高、净高窗台高度、室内外地面标高；解决天然采光、自然通风、保温、隔热、屋面排水及选择建筑构造方案；选择主体结构与围护结构方案；进行房屋竖向空间的组合，研究建筑空间的利用。

1. 房间的剖面形状

（1）分类和要求

房间的剖面形状分为矩形和非矩形两类，大多数民用建筑均采用矩形。这是因为矩形剖面简单、规整、便于竖向空间的组合，容易获得简洁而完整的体形，同时结构简单，施工方便。非矩形剖面常用于有特殊要求的房间。

房间的剖面形状主要是根据使用要求和特点来确定，同时也要结合具体的物质技术、经济条件及特定的艺术构思考虑，使之既满足使用，又能达到一定的艺术效果。

（2）使用要求

在民用建筑中，绝大多数的建筑是属于一般功能要求的，如住宅、学校、办公楼、旅馆、商店等。这类建筑房间的剖面形状多采用矩形，这是因为矩形剖面不仅能满足这类建筑的要求，而且具有上面谈到的一些优点。对于某些特殊功能要求（如视线、音质等）的房间，则应根据使用要求选择适合的剖面形状。

有视线要求的房间主要是指影剧院的观众厅、体育馆的比赛大厅、教学楼中阶梯教室等。这类房间除平面形状、大小满足一定的视距、视角要求外，地面应有一定的坡度，以保证良好的视觉要求，即舒适、无遮挡地看清对象。

地面的升起坡度与设计视点的选择、座位排列方式（即前排与后排对位或错位排列）、排距、视线升高值（即后排与前排的视线升高差）等因素有关。

设计视点是指按设计要求所能看到的极限位置，以此作为视线设计的主要依据。各类建筑由于功能不同，观看对象性质不同，设计视点的选择也不一致。如电影院定在银幕底边的中点，这样可保证观众看清银幕的全部；体育馆定在篮球场边线或边线上空 300~500 mm 处等。设计视点选择是否合理，是衡量视觉质量好坏的重要标准，直接影响到地面升起的坡度和经济性。设计视点愈低，视觉范围愈大，但房间地面升起坡度愈大；设计视点愈高，视野范围愈小，地面升起坡度愈平缓。一般说来，当观察对象低于人的眼睛时，地面起坡大，反之则起坡小。

2. 剖面设计应适应设备布置的需要

建筑设计中，对房间高度有影响的设备布置，主要是电气系统中照明、通信、动力（小负荷）等管线的敷设，空调管道的位置和走向，冷、热水上、下水管道的位置和走向，以及其他专用设备的位置等。例如医院手术室内设有下悬式无影灯时，室内的净高就要相应有所提高。又如某档案馆，跨度大（11 m），楼面负荷重，楼板厚，梁很高，梁下又有空调管道，空调又是通过吊顶板的孔均匀送风，顶板和管道之间还要有一定距离，另外还要有灯具、烟感器、自动灭火器等的位置，结果使这个层高为 4.2 m 的档案馆的室内净高仅有 2.7 m。可见设备布置对剖面设计的影响不容忽视。当今建筑中采用新设备多，它们直接影响着层高、层数、立面造型等。因此，在剖面设计时应慎重对待。

3. 剖面设计要与建筑艺术相结合

建筑艺术在某种程度上可以说是空间艺术。各种空间给人以不同的感受，人们视觉上的房间高低通常具有一定的相对性。例如一个狭而高的空间，由于它所处的位置不同，会使人产生不同的感受，它在某种位置上会使人们感到拘谨。这时需要降低它的净高，使人感到亲切。但是，窄高的空间容易引起人们向上看，把它放在恰当的部位，利用它的窄高，可起引导作用。也有不少建筑利用窄高的空间来获得崇高、雄伟的艺术效果。因此，在确定房间净高的时候，要有全面的观点和具体的空间观念。

4. 剖面设计要充分利用空间

提高建筑空间的利用率是建筑设计的一个重要课题，利用率一是水平方向的，表现于平面上；另一是垂直方向的，表现于剖面上。空间的充分利用主要有赖于良好的剖面设计。例如住宅设计中，小居室床位上都放吊柜，可增加贮藏面积，在入口部分的过道上空做些吊柜，既可增加贮藏面积，又好像降低了层高，使住宅具有小巧感，使人感到亲切。一些公共建筑的空间高大，充分利用其空间来增设夹层等，可以增加面积、节约投资，同时还可利用夹层丰富空间的变化，增强室内的艺术效果。

跃层建筑的设计目的是节省公共交通面积，减少干扰，主要用于每户建筑面积较多的住宅设计，也可用于公共建筑。在剖面设计中应注意楼梯和层高的高度问题。错层的剖面设计主要适用于建筑物纵向或横向需随地形分段而高低错开的情况。可利用室外台阶解决上下层入口的错层问题，也可利用室内楼梯，选用楼梯梯段数量，调整梯段的踏步数，使楼梯平台的标高和错层地面的标高一致。

第四节　建筑体形及立面设计

1. 概述

建筑不仅要满足人们生产、生活等物质功能的要求，而且要满足人们精神文化方面的要求。为此，不仅要赋予它实用属性，同时也要赋予它美观的属性。建筑的美观主要是通过内部空间及外部造型的艺术处理来体现，同时也涉及建筑的群体空间布局，而其中建筑物的外观形象经常、广泛地被人们所接触，对人的精神感受上产生的影响尤为深刻。比如轻巧、活泼、通透的园林建筑，雄伟、庄严、肃穆的纪念性建筑，朴素、亲切、宁静的居住建筑以及简洁、完整、挺拔的高层公共建筑，等等。

体型和立面设计着重研究建筑物的体量大小、体型组合、立面及细部处理等。

在满足使用功能和经济合理的前提下，运用不同的材料、结构形式、装饰细部、构图手法等创造出预想的意境，从而不同程度地给人以庄严、挺拔、明朗、轻快、简洁、朴素、大方、亲切的印象，加上建筑物体型庞大、与人们目光接触频繁，因此具有独特的表现力和感染力。

建筑体型和立面设计是整个建筑设计的重要组成部分。外部体型和立面反映内部空间的特征，但绝不能简单地理解为体型和立面设计只是内部空间的最后加工，是建筑设计完成后的最后处理，而应与平、剖面设计同时进行，并贯穿于整个设计。在方案设计一开始就应在功能物质技术条件等制约下按照美观的要求考虑建筑体形及立面的雏形。随着设计的不断深入，在平、剖面设计的基础上对建筑外部形象从总体到细部反复推敲、协调、深化，使之达到形式与内容完美的统一，这是建筑体型和立面设计的主要方法。

建筑体型和立面是不可分割的。体形设计反映建筑外形总的体量、形状、组合、尺度等空间效果，是建筑形象的基础。但是，只有体型美还不够，还须在建筑的各个立面设计中进一步地刻画和完善，才能获得完美的建筑形象。

建筑体型和立面设计虽然各有不同的设计方法，但是它们都要遵循建筑形式美的基本规律，按照建筑构图要点，结合功能使用要求和结构、构造、材料、设备、施工等物质技术手段，从大处着眼，逐步深入，对每个细部反复推敲，力求达到比例协调、形象完美。

建筑体型和立面设计不能离开物质技术发展的水平和特定的功能、环境而任意塑造，它在很大程度上要受到使用功能、材料、结构施工技术、经济条件及周围环境的制约。因此，每一幢建筑物都具有自己独特的形式和特点。除此之外，还要受到不同国家的自然社会条件、生活习惯和历史传统等各因素的影响，建筑外形不可避免地要反映出特定历史时期、特定民族和地区的特点，使之具有时代气息、民族风格和地区特色。只有全面考虑上述因素，运用建筑艺术造型构图规律来塑造建筑体型和立面造型，才能创造出真实而具有强烈感染力的建筑形象。

2. 建筑的立面设计

立面设计是在符合功能使用要求和结构、构造合理的基础上，紧密结合内部空间设计，对建筑体型做进一步的刻画处理。建筑的各立面可以看成是许多构部件，如门、窗、墙、柱、垛、雨棚、屋顶、檐部、台阶、勒脚、凹廊、阳台、线脚、花饰等组成。

恰当地确定这些组成部分和构部件的比例、尺度、材料、质地、色彩等，运用构图要点，设计出与整体协调、与内容统一、与内部空间相呼应的建筑立面，就是立面设计的主要任务。

建筑立面设计一般包括建筑各个面的设计，并按正投影方法予以绘制。实际上，建筑造型是一种三度空间的艺术，我们看到的建筑都是透视效果，而且还是视点不断移动时的透视效果。如果加上时间的因素，可以说建筑是四度空间的艺术。

因此，我们在立面设计中，除单独确定各个立面以外，还必须对实际空间效果加以研究，使每个立面之间相互协调，形成有机的统一整体。

（1）墙面的设计

建筑的外墙面对该建筑的特性、风格和艺术的表达起相当重要的作用。墙面处理最关键的问题就是如何把墙、垛、柱、窗、洞、槛墙等各种要素组织在一起，使之有条有理、有秩序、有变化。墙面的处理不能孤立地进行，它必然要受到内部房间划分以及柱、梁、板等结构体系的制约。为此，在组织墙面时，必须充分利用这些内在要素的规律性来反映内部空间和结构的特点。同时，还要使墙面具有美好的形式，使之具有良好的比例、尺寸，特别是具有各种形式的韵律感。墙面设计，首先要巧妙地安排门、窗和窗间墙，恰当地组织阳台、凹廊等。还可借助窗间墙的墙垛、墙面上的线脚以及为分隔窗用的隔片、为遮阳用的纵横遮阳板等，来赋予墙面以更多的变化。因此，建筑的墙面处理具有很大的灵活性，其运用之妙，存乎一心。

（2）建筑虚实与凹凸的处理

建筑的"虚"指的是立面上的空虚部分，如玻璃门窗洞口、门廊、空廊、凹廊等，它们给人以不同程度的空透、开敞、轻巧的感觉；"实"指的是立面上的实体部分，如墙面、柱面、台阶踏步、脚、屋面、栏板等，它们给人以不同程度的封闭、厚重、坚实的感觉。以虚为主的手法大多能赋予建筑以轻快、开朗的特点；以实为主的手法大多能赋予建筑以厚重、坚实、雄伟的气氛。立面凹凸关系的处理，可以丰富立面效果，加强光影变化，组织体量变化，突出重点和安排韵律节奏。较大的凹凸变化给人以强烈的起伏感，小的凹凸安排会使人感到变化起伏柔和。

虚实与凹凸的处理对于建筑外观效果的影响极大。虚与实、凹与凸既是相互对立的，又是相辅相成和统一的。虚实凹凸处理必然要涉及墙面、柱、阳台、凹廊、门窗、排檐、门廊等的组合问题。为此，必须巧妙地利用建筑物的功能特点，把以上要素有机地组合在一起，统一和谐地显示整个建筑虚与实、凹与凸的对比与变化艺术。虚实与凹凸的处理常常给建筑带来活力，巧妙安排虚实对比和凹凸变化是创造建筑艺术形象的重要手法。

国内某些建筑利用框架结构的特点，采用了大面积的带形窗，或上下几层连通的玻璃窗，从而使虚实对比更加强烈了。目前一些建筑设计者利用大幅度的凹凸和虚实的对比与变化，赋予了建筑更大的活力。

（3）立面上的重点与细部处理

突出建筑物立面中的重点，既是建筑造型的设计手法，也是建筑使用功能的需要。突出建筑物的重点，实质上是建筑构图中主从设计的一个方面。

但建筑立面设计中的主从关系还是有别于建筑体量上的主从关系的，后者一般从大的方面、从较远距离看建筑来考虑，而前者除了注重大体上远距离看建筑外，还重视近距离看建筑。立面的重点处理多重视对人的视线的引导，其处理效果一般是通过对比的手法取得。例如住宅的立面设计，为了显示入口，常常把入口的上部做些花饰。有的则将楼梯间的窗子设计得特殊一些，有的则将入口部位设计得突出于整体，同时，还可在门上加雨罩、门斗或花格等。又如办公楼，通常主体简洁，常采用大门廊做重点处理，以突出主要入口，并增强办公楼的庄严气氛。

总之，在建筑立面设计中，利用阳台、凹廊、柱式、檐部、门斗、门廊、雨棚、台阶、踏步等的凹进凸出，可收到对比强烈、光影辉映、明暗交错之效。同时，利用窗户的大小、形状、组织变化、重点装饰等手法，也都可丰富立面的艺术感，更好地表现建筑性格。

3. 影响体型和立面设计的因素

（1）使用功能

建筑是为了满足人们生产和生活需要而创造出的物质空间环境。根据使用功能的要求，结合物质技术、环境条件确定房间的形状、大小、高低，并进行房间的组合。而室内空间与外部体型又是互相制约不可分割的两个方面。房屋外部形象反映建筑内部空间的组合特点，美观问题紧密地结合功能要求，这正是建筑艺术有别于其他艺术的特点之一。因此，各类建筑由于使用功能的千差万别，室内空间全然不同，在很大程度上必然导致不同的外部体形及立面特征。

（2）物质技术条件

建筑不同于一般的艺术品，它必须运用大量的材料并通过一定的结构施工技术等手段才能建成。因此，建筑造型及立面设计必然在很大程度上受到物质技术条件的制约，并反映出结构、材料和施工的特点。

现代新结构、新材料、新技术的发展给建筑外形设计提供了更大的灵活性和多样性。特别是各种空间结构的大量运用，更加丰富了建筑物的外观形象，使建筑造型千姿百态。

由于施工技术本身的局限性，各种不同的施工方法对建筑造型都具有一定的影响。如采用各种工业化施工方法的建筑滑模建筑、升板建筑、盒子建筑等都具有各自不同的外形特征。

（3）城市规划及环境条件

建筑本身就是构成城市空间和环境的重要因素，它不可避免地要受到城市规划、基地环境的某些制约。另外，任何建筑都是必定坐落在一定的基地环境之中，要处理得协调统一，与环境融为一体，就必须和环境保持密切的联系。所以建筑基地的地形、地质、气候、方位、朝向、形状、大小、道路、绿化以及原有建筑群的关系等，都对建筑外部形象有极大的影响。

（4）社会经济条件

建筑物从总体规划、建筑空间组合、材料选择结构形式、施工组织直到维修管理等都包含着经济因素。建筑外形应本着勤俭节约的精神，严格掌握质量标准，尽量节约资金。应当提出，建筑外形的艺术美并不是以投资的多少为决定因素。事实上只要充分发挥设计者的主观能动性，在一定的经济条件下巧妙地运用物质技术手段和构图法则，努力创新，完全可以设计出适用安全、经济、美观的建筑物来。

第五节　高层建筑设计

1. 高层建筑的分类

高层建筑的分类见表3-2。

表3-2　高层建筑的分类

名称	一类	二类
住居建筑	高级住宅19层及19层以上的普通住宅	10~18层的普通住宅
公共建筑	（1）医院 （2）高级旅馆 （3）建筑高度超过50m或每层建筑面积超过1000m² 的商业楼、展览楼、综合楼，电信楼、财贸金融楼 （4）建筑高度超过50m或每层建筑面积超过1500m² 的商住楼 （5）中央级或省级（含计划单列市）广播电视楼 （6）厅局级和省级（含计划单列市）电力调度楼 （7）省级（含计划单列市）邮政楼、防灾指挥调度楼 （8）藏书超过100万册的图书馆、书库 （9）重要的办公楼、科研楼、档案楼 （10）建筑高度超过50 m的教学楼和普通旅馆、办公楼、科研楼、档案楼	（1）除一类建筑以外的商业楼、展览楼、综合楼、电信楼、财贸金融楼、商住楼、图书馆、书库 （2）省级以下的邮政楼、防灾指挥调度楼、广播电视楼、电力调度楼 （3）建筑高度不超过50m的教学楼和普通的旅馆、办公楼、科研楼、档案楼

2. 高层建筑的结构选型

高层建筑主要采用四大结构体系，它们是框架结构、框剪结构、剪力墙结构和筒体结构。四大结构体系的允许建造高度详见表3-3。

表 3-3 四大结构体系的允许建造高度

结构体系		非抗震设计		抗震设防烈度		
		6 度	7 度	8 度	9 度	
框架	现浇	60	60	56	45	25
	装配整体	50	50	35	25	-
框剪	现浇	130	130	120	100	50
	装配整体	100	100	90	70	-
现浇剪力墙	无框支墙	140	140	120	100	60
	部分框支墙	120	120	100	80	-
筒中筒及成束筒		180	180	1150	120	70

3. 高层建筑的主要构造

（1）楼板

压型钢板组合式楼板；现浇钢筋混凝土楼板。

（2）墙体

填充墙，如加气混凝土砌块墙、焦渣砌块墙等；幕墙，如玻璃幕墙等。

（3）基础

板式基础；箱形基础；扩孔墩基础。

第六节　建筑空间的组合与利用

　　建筑空间组合就是根据内部使用要求，结合基地环境等条件将各种不同形状、大小、高低的空间组合起来，使之成为使用方便、结构合理、体形简洁完美的整体。

　　空间组合包括水平方向及垂直方向的组合关系，前者除反映功能关系外，还反映出结构关系以及空间的艺术构思。而剖面的空间关系也在一定程度上反映出平面关系，因而将两方面结合起来就成为一个完整的空间概念。

　　1. 建筑空间的组合

　　在进行建筑空间组合时，应根据使用性质和使用特点将各房间进行合理的垂直分区，做到分区明确、使用方便、流线清晰。同时应注意结构合理，设备管线集中。对于不同空间类型的建筑也应采取不同的组合方式。

　　（1）重复小空间的组合

　　这类空间的特点是大小、高度相等或相近，在一幢建筑物内房间的数量较多，功能要求各房间应相对独立。因此常采用走道式和单元式的组合方式，如住宅、医院、学校、办公楼等。组合中常将高度相同、使用性质相近的房间组合在同一层上，以楼梯将各垂直排列的空间联系起来构成一个整体。由于空间的大小、高低相等，对于统一各层楼地面标高、简化结构是有利的。

有的建筑由于使用要求或房间大小不同，出现了高低差别。如学校中的教室和办公室，由于容纳人数不同，使用性质不同，教室的高度相应比办公室大些。为了节约空间、降低造价，可将它们分别集中布置，采取不同的层高。以楼梯或踏步来解决这两部分空间的联系。

（2）大小、高低相差悬殊的空间组合

1）以大空间为主体穿插布置小空间。有的建筑如影剧院、体育馆等，虽然有多个空间，但其中有一个空间是建筑主要功能所在，其面积和高度都比其他房间大得多。空间组合常以大空间（观众厅和比赛大厅）为中心，在其周围布置小空间，或将小空间布置在大厅看台下面，充分利用看台下的结构空间。这种组合方式应处理好辅助空间的采光、通风以及运动员、工作人员的人流交通问题。

2）以小空间为主灵活布置大空间。某些类型的建筑，如教学楼、办公楼、旅馆、临街带商店的住宅等，虽然构成建筑物的绝大部分房间为小空间，但由于功能要求还需布置少量大空间，如教学楼中的阶梯教室办公楼中的大会议室、旅馆中的餐厅、临街住宅中的营业厅等。这类建筑在空间组合中常以小空间为主形成主体，将大空间附建于主体建筑旁，从而不受层高与结构的限制；或将大小空间上下叠合起来，分别将大空间布置在顶层或一、二层。

3）综合性空间组合。有的建筑由于满足多种功能的要求，常由若干大小、高低不同的空间组合起来形成多种空间的组合形式。如文化宫建筑中有较大空间的电影厅、餐厅健身房等，又有阅览室、门厅、办公室等空间要求不同的房间。又如图书馆建筑中的阅览室、书库、办公等用房在空间要求上也不一致。阅览室要求较好的天然采光和自然通风，层高一般为 4~5 m，而书库是为了保证最大限度地藏书及取用方便，层高一般为 2.2~2.5m，对于这一类复杂空间的组合不能仅局限于一种方式，必须根据使用要求，采用与之相适应的多种组合方式。

（3）错层式空间组合

当建筑物内部出现高低差，或由于地形的变化使房屋几部分空间的楼地面出现高低错落现象时，可采用错层的处理方式使空间取得和谐统一。具体处理方式如下：

1）以踏步或楼梯联系各层楼地面以解决错层高差。有的公共建筑，如教学楼、办公楼、旅馆等主要使用房间空间高度并不高，为了丰富门厅空间变化并得到合适的空间比例，常将门厅地面降低。这种高差不大的空间联系常借助少量踏步来解决。

当组成建筑物的两部分空间高差较大，或由于地形起伏变化，房屋几部分之间楼地面高低错落，这时常利用楼梯间解决错层高差。通过调整梯段踏步的数量，使楼梯平台与错层楼地面标高一致。这种方法能够较好地结合地形、灵活地解决纵横向的错层高差。

2）以室外台阶解决错层高差。如垂直等高线布置的住宅建筑，各单元垂直错落，错层高差为一层，均由室外台阶到达楼梯间。这种错层方式较自由，可以随地形变化相当灵活地随意错落。

（4）台阶式空间组合

台阶式空间组合的特点是建筑由下至上形成内收的剖面形式，从而为人们提供了进行户外活动及绿化布置的露天平台。此种建筑形式如用于连排的总体布置中，可以减少房屋间距，取得节约用地的效果。同时由于台阶式建筑采用了竖向叠层、向上内收、垂直绿化等手法，从而丰富了建筑外观形象。

2. 建筑空间的利用

建筑空间的利用涉及建筑的平面及剖面设计。充分利用室内空间不仅可以增加使用面积、节约投资，而且，如果处理得当还可以起到改善室内空间比例，丰富室内空间艺术的效果。因此，合理地、最大限度地利用空间以扩大使用面积，是空间组合的重要问题。

（1）夹层空间的利用

公共建筑中的营业厅、体育馆、影剧院、候机楼等，由于功能要求其主体空间与辅助空间在面积和层高上常常不一致，因此常采取在大空间周围布置夹层的方式，从而达到利用空间及丰富室内空间的效果。

在设计夹层的时候，特别在多层公共大厅中（如营业厅）应特别注意楼梯的布置和处理，应充分利用楼梯平台的高差来适应不同层高的需要，以不另设楼梯为好。

（2）房间上部空间的利用

房间上部空间主要是指除了人们日常活动和家具布置以外的空间。如住宅中常利用房间上部空间设置隔板、吊柜作为贮藏之用。

（3）结构空间的利用

在建筑物中，随着墙体厚度的增加，所占用的室内空间也相应增加。因此充分利用墙体空间可以起到节约空间的作用。通常多利用墙体空间设置壁龛、窗台柜。利用角柱布置书架及工作台。

除此之外，设计中还应将结构空间与使用功能要求的空间在大小、形状、高低上尽量统一起来，以达到最大限度地利用空间。

（4）楼梯间及走道空间的利用

一般民用建筑楼梯间底层休息平台下至少有半层高。为了充分利用这部分空间，可采取降低平台下地面标高，或增加第一梯段高度以增加平台下的净空高度，作为布置贮藏室及辅助用房和出入口之用。同时，楼梯间顶层有一层半空间高度，可以利用部分空间布置一个小贮藏间。

民用建筑走道主要用于人流通行，其面积和宽度都较小，因此高度也相应要求低些。但从简化结构考虑，走道和其他房间往往采取相同的层高。为充分利用走道上部多余的空间，常利用走道上空布置设备管道及照明线路。居住建筑中常利用走道上空布置贮藏空间。这样处理不但充分利用了空间，也使走道的空间比例尺度更加协调。

第四章 工业建筑设计

在经济发展的影响下，国内的工业建筑获得了迅速的发展。在工业建筑领域中，整体领域都在向新趋势尝试革新，同时，在工业设计的理念中，也有了更多的新的血液。促进；俄工业建筑设计的发展。本章主要对工业建筑设计展开讲述。

第一节　工业建筑的概念

工业建筑，是指专供生产使用的建筑物构筑物。其种类繁多，从重工业到轻工业，从小型到大型，从生产车间到设备设施，凡是从事工业生产的建筑物与构筑物均属于这个范畴。

现代工业建筑起源于 18 世纪下半叶开展工业革命的英国，随后蔓延到美国、德国以及欧洲、亚洲的几个工业发展较快的国家。时至今日，工业建筑的发展已历经 200 多年历史，在国民经济发展和社会文明进步中具有重要的地位并发挥着重要的作用。

工业建筑和我国大多数的民用建筑不同，其主要是为了满足不同的生产活动所修建的建筑物。因此，其工业建筑需要相应的满足一定的特点，即工业建筑的修建需要满足生产活动所进行的生产工业的基本要求、工业建筑内部需要有庞大的面积和空间来供各类型工人的正常生产活动、工业建筑的内部结构和构造较为复杂，因此导致其工业建筑相较于民用建筑来说修缮难度较高、工业建筑的构造需要结合其厂房内部相关的生产活动，即需要有一定的联系、不同生产活动的工业建筑之间有着很多不同的特点，工业建筑的通风、采光、排水等方面的构造较为特殊等。

一般来说，我国当下主要的工业建筑主要有医药厂房、纺织厂房、化工厂房、冶金厂房，内部的相关构造物有烟囱、水塔、栈桥、囤仓，除了必要的高科技生产建筑物外，还相应地有一些园区配套生活建筑，即食堂、宿舍、管理楼、垃圾站、变配电所、雨水泵房等。

而且其工业建筑还可以根据层数、生产状况、用途等几个因素进行相应的分类。比如说层数，则有多层厂房、单层厂房、混合层次厂房；生产状况则有热加工车间、冷加工车间、洁净车间、恒温恒湿车间、有爆炸可能车间、大量腐蚀车间、噪声车间、防电磁波干扰车间、其他各种类型情况的车间等。

当前，我国正处于经济高质量发展期，工业建筑在建筑领域中占有越来越大的比重，成为城市建设的重要组成部分。工业建筑用地一般占总用地的 25%~30%，而在一些以工业为经济支柱的城市，因拥有一些大中型企业，工厂用地比例甚至可达到 50% 以上。在城市的总体布局中，工业建筑区位布局、风向位置，环保处理措施建筑形象等，对城市交通环境质量、景观塑造及城市总体发展起着极为重要的作用和影响。

第二节　工业建筑的特点

1. 厂房的设计建造与生产工艺密切相关

每一种工业产品的生产都有一定的生产程序，即生产工艺流程。为了保证生产的顺利进行，保证产品质量和提高劳动生产率，厂房设计必须满足生产工艺要求，不同生产工艺的厂房有不同的特征。

2. 内部空间大

由于工业厂房中的生产设备多、体积大，各生产环节联系密切，还有多种起重和运输设备通行，所以需要厂房内部具有较大的开敞空间，且对结构要求较高。例如，有桥式吊车的厂房，室内净高一般均在 8 m 以上；厂房长度一般在数十米，有些大型轧钢厂，其长度可达数百米甚至超过千米。

3. 厂房屋顶面积大，构造复杂

当厂房尺度较大时，为满足室内采光、通风的需要，屋顶上往往会开设天窗；为了屋面防水排水的需要，还要设置屋面排水系统（天沟及落水管），这些设施造成屋顶构造复杂。

4. 荷载大

工业厂房由于跨度大，屋顶自重就大，且一般都设置一台或更多起重量为数十吨的吊车，同时还要承受较大的振动荷载，因此多数工业厂房采用钢筋混凝土骨架承重。对于特别高大的厂房，或有重型吊车的厂房，或高温厂房，或地震烈度较高地区的厂房，需要采用钢骨架承重。

5. 需满足生产工艺的某些特殊要求

对于一些有特殊要求的厂房，为保证产品质量和产量，保护工人身体健康及生产安全，厂房在设计建造时就会采取技术措施来满足某些特定要求。如热加工厂房因产生大量余热及有害烟尘，需要足够的通风；精密仪器生物制剂、制药等厂房，要求车间内空气保持一定的温度湿度、洁净度；有的厂房还有防振、防辐射或电磁屏蔽的要求等。

6. 工业建筑设计节能的现状

目前，由于我国的各项领域和科技的快速发展，导致其各类型资源的快速消耗和使用，使得我国的能源量开始紧张，从而直接导致节能减排的力度持续上涨。其中，工业建筑节能在节能减排中扮演着重要的角色，我国相关部分和单位也针对其工业建筑的设计节能方面开始加大重视力度。比如说，我国工业建筑内部的温度调控系统的能源消耗就很大，由于生产科技的不够发达，使得很多工业生产环节所产生的能源消耗大大超标，因此，这就导致了其工业建筑设计节能迫在眉睫，需要针对其工业建筑设计节能当中的问题进行仔细分析，从而更好地开展后续的设计节能工作。

7. 促进工业建筑节能设计发展的措施

通过上述一定篇幅，我们了解了工业建筑的相关知识以及设计原则，因此，为了贴合我国的可持续发展战略方针，就需要仔细分析我国当下工业建筑设计节能的问题和状况，从而相应的实施一些对策，来促进我国工业建筑的进步发展。

（1）创新新型工业建筑设计节能方式

对于我国当下的工业建筑设计节能方式来说，目前还处于一个不够发达的阶段。例如传统的工业生产厂房间对热损耗的建设方式则是主要依靠功能不同单独建设，从而导致了其建筑物外部的维护增多，加大了成本资金投入。因此，为了更好地促进其工业建筑设计节能的发展，就需要创新新型工业建筑设计节能方式，应用更加优秀的工业建筑设计节能方式，在满足对工业建筑最基本的生产要求的同时，又可以相应地减少企业主对于工业建筑建设过程当中所产生的资金投入，降低成本来增加更多的企业经济效益。

（2）充分考虑实际生产情况，运用各类型节能方法来体现工业建筑节能

对于工业建筑设计节能来说，其厂房的选址和场地确定来说，由于生产工艺的特殊和必须满足生产工艺活动的相关生产要求，一般没有特别好的解决办法。因此，想要良好地实施工业建筑设计节能，关键的就是要充分考虑到实际的生产情况和生产工艺，相应运用一些良好的节能建材，实施对应的节能设计方案，来更好地促进其工业建筑的节能发展。

第三节　工业建筑设计的特点

工业建筑具有一般建筑的共性，又具有突出的个性，因此在设计上有着与民用建筑设计不同的特点。

1. 服务目的不同

一般来讲，民用建筑是以满足人们的生活、工作等需要为主要目的；而工业建筑是以满足生产需要，保证设备的安全及生产的顺利进行和人们在其内正常工作为主要目的。工业建筑作为直接服务于工业生产的建筑类型，顾名思义，它是人们进行集约化生产的场所。工业建筑首先要满足生产中的场地、运输库存等基本生产要求，同时还要兼顾人们在劳作中的环境舒适性。

2. 设计要求不同

工业建筑的功能设计主要是为了服务于生产活动，保证生产活动的顺利开展与进行。一般来说，评价一个工业建筑项目是否成功的最基本标准就是一个合格的工业建筑项目必须能够保证其内部设备的正常运行。不同的生产设备的使用功能和性能是不一样的，所以，

工业建筑的设计工作一定要将设备的特点和功能作为最基础的依据。

3. 与民用建筑设计的程序不同

工业建筑设计与民用建筑设计最大的区别是工业建筑设计比民用建筑设计多了一道工艺设计。对于工业建筑来说，首先要由工艺设计人员对其进行工艺设计，然后提供生产工艺资料供设计师分析使用。

工业建筑，建筑形式和结构形式的选择，主要是由工艺、设备、生产操作及生产要求等诸多因素所决定的。建筑设计应与工艺设计多进行交流、配合，同时满足工艺和结构设计的基本要求。例如，在做选煤厂设计时，由于原材料为颗粒状，每道工序都是在由上到下的重力流动中逐渐进行的。因此，对选煤厂进行设计的关键是弄清生产线竖向流程，由该流程上标示的设备确定厂房平面层高及建筑高度。选煤厂还有较多的设备及与其连接的各类输送管道，应由这些设备管道和工作人员的活动范围确定平面开间及跨度，根据设备的各阶段连接确定厂房的层高和高度。在整个平面、层高确定后，还要按工艺要求进行复核调整，直至达到工艺生产要求。

结构设计也要与工艺设计协调。厂房是为生产服务的，厂房设计中结构专业作为配套专业，首先应满足工艺要求，结构设计也必须服从于工艺条件。而现实中工艺布置经常与结构设计发生矛盾，例如要开洞的地方是框架梁，设备本来可以沿梁布置却布置在了跨中等。所以结构设计人员应多与工艺协调，尽量了解工艺布置，尽量为设计和施工减少不必要的麻烦。

4. 荷载作用不同

荷载计算是结构计算的条件，荷载取值的准确性直接关系到计算结果的准确性。工业建筑中的设备不仅要考虑静荷载，还要考虑动荷载影响，计算过程极其复杂，且基于生产工艺流程和相应配制的设备，以及生产操作、设备维护更新等实际要求，工业建筑的楼面荷载往往很大。如许多工业厂房的吊车梁上有吊车荷载，吊车荷载最大轮压超过70t，由两组移动的集中荷载组成，一组是移动的竖向垂直轮压，另一组是移动的横向水平制动力。吊车荷载具有冲击和振动作用，且是重复荷载，如果车间使用期为50年，则在这期间重级工作制吊车荷载重复次数可达到$(4 \sim 6) \times 10^5$次，中级工作制吊车一般也可达2×10^6次，因此要考虑疲劳而引起的强度降低，进行疲劳强度验算。

另外，工业建筑由于每一层平面均不相同，平面漏空多，加上设备的分布，使得整栋楼的质量分布极不均匀，质量的刚心严重偏离。同时，开洞面积太大并常有楼层错层现象，导致楼板局部不连续，其侧向刚度也不规则，所以工业建筑不利于抗震，地震时容易产生扭转，在设计时要采取措施来克服这种不利影响。

5. 预留孔和预埋件较多

为了满足工艺的需要，且需要安装大量的设备，工业建筑需要大量埋设预埋件（预埋螺栓），同时要设许多预留孔。各预留孔和预埋件（预埋螺栓）与轴线的几何关系以及空间（上下层间）几何关系非常复杂，而且相互间几何关系要求非常高，每层的标高和螺栓埋设位置都要求非常精确，这就要求设计人员在结构施工图中详细标明预埋件（预埋螺栓）的大小规格及准确的定位尺寸。如果未在结构施工图中画出预埋件（预埋螺栓），往往会造成预埋件（预埋螺栓）漏埋，现场补设预埋件（预埋螺栓）既费事又浪费，既增加了业主的投资，又拖延了施工进度。因此，结构设计人员在出图之前应认真设计、复核，在结构施工图中必须注明预埋件（预埋螺栓）的大小及定位尺寸，技术交底时，也必须向施工单位阐明这一点。预埋件（预埋螺栓）一定要按照工艺和结构设计的基本要求来设计和选择相应的受力预埋件（预埋螺栓），所以建筑设计时需要与工艺专业多进行交流。

第四节　工业建筑的分类

1. 按层数分类

按层数不同，一般分为单层厂房、多层厂房、层数混合厂房等。

（1）单层厂房

单层厂房是层数仅为 1 层的工业厂房，适用于大型机器设备或有重型起重运输设备的厂房。其特点是生产设备体积大、质量大，厂房内以水平运输为主。

（2）多层厂房

多层厂房是层数在 2 层以上的厂房，常用的为 2~6 层，适用于生产设备及产品较轻、可沿垂直方向组织生产和运输的厂房，如食品、电子精密仪器或服装工业等用厂房。其特点如下：

1)生产在不同标高的楼层上进行。多层厂房的最大特点是每层之间不仅有水平的联系，还有垂直方向的。因此在厂房设计时，不仅要考虑同一楼层各工段间应有合理的联系，还必须解决好楼层之间的垂直联系，安排好垂直交通。

2）节约用地。多层厂房具有占地面积少、节约用地的特点。例如建筑面积为 10000m^2 的单层厂房，它的占地面积就需要 10000m^2，若改为五层的多层厂房，其占地面积仅需要 2000m^2，相较于单层厂房更节约用地。

3)节约投资：①减少土建费用。由于多层厂房占地少，从而使地基的土石方工程量减少，屋面面积减少，相应地也减少了屋面天沟、雨水管及室外的排水工程等费用。②缩短厂区道路和管网。多层厂房占地少，厂区面积也相应减少，厂区内的铁路、公路运输线及水电等各种工艺管线的长度缩短，可节约部分投资。

4）多层厂房柱网尺寸较小，通用性较差，不利于工艺改革和设备更新，当楼层上布置有震动较大的设备时，对结构及构造要求较高。

（3）层数混合厂房

同一厂房内既有单层也有多层的称为混合层数的厂房，多用于化学工业热电站的主厂房等。其特点是能够适用于同一生产过程中不同工艺对空间的需求，经济实用。

2.按用途分类

按用途不同,一般分为主要生产厂房、辅助生产厂房、动力用厂房、库房、运输用房和其他用房等。

(1)主要生产厂房:在这类厂房中进行生产工艺流程的全部生产活动,一般包括从备料、加工到装配的全部过程。生产工艺流程是指产品从原材料到半成品到成品的全过程,例如钢铁厂的烧结焦化炼铁、炼钢车间。

(2)辅助生产厂房:为主要生产厂房服务的厂房,例如机械修理车间、工具车间等。

(3)动力用厂房:为主要生产厂房提供能源的场所,例如发电站、锅炉房、煤气站等。

(4)库房:为生产提供存储原料(例如炉料、油料)半成品、成品等的仓库。

(5)运输用房:为生产或管理用车辆提供存放与检修的房屋,例如汽车库、消防车库、电瓶车库等。

(6)其他用房,包括解决厂房给水、排水问题的水泵房、污水处理站,厂房配套生活设施等。

3.按生产状况分类

按生产状况不同分为冷加工车间、热加工车间、恒温恒湿车间、洁净车间、其他特种状况的车间等。

(1)冷加工车间,是指供常温状态下进行生产的厂房,例如机械加工车间、金工车间等。

(2)热加工车间,是指供高温和熔化状态下进行生产的厂房,可能散发大量余热、烟雾、灰尘、有害气体,例如铸工、锻工热处理车间。

(3)恒温恒湿车间,是指在恒温(20℃左右)、恒湿(相对湿度为50%~60%)条件下生产的车间,例如精密机械车间或纺织车间等。

(4)洁净车间,是指在高度洁净的条件下进行生产的厂房,防止大气中灰尘及细菌对产品的污染,例如集成电路车间、精密仪器加工及装配车间等。

(5)其他特种状况的车间,是指生产过程中有爆炸可能性、有大量腐蚀物、有放射性散发物、有防微振或防电磁波干扰要求等情况的厂房。

第五节　工业建筑的设计要求

一、设计要求

工业建筑设计过程是:建筑设计人员根据设计任务书和工艺设计人员提出的生产工艺设计资料和图纸,设计厂房的平面形状、柱网尺寸、剖面形式、建筑体形;合理选择结构方案和围护结构的类型,进行细部构造设计;协调建筑结构、水、暖、电、气、通风等各工种。工业建筑设计应正确贯彻"坚固适用、经济合理、技术先进"的原则，并满足如下要求。

1. 满足生产工艺的要求

生产工艺是工业建筑设计的主要依据，建筑设计之前，应该先做工艺设计并提出工艺要求，工艺设计图是生产工艺设计的主要图纸，包括工艺流程图设备布置图和管道布置图。生产工艺的要求就是该建筑使用功能上的要求，建筑设计在建筑面积、平面形状、柱距跨度、剖面形式、厂房高度以及结构方案和构造措施等方面，必须满足生产工艺的要求。

2. 满足建筑技术的要求

（1）工业建筑的坚固性及耐久性应符合建筑的使用年限要求。建筑设计应为结构设计的经济合理性创造条件，使结构设计更利于满足安全性、适用性和耐久性的要求。

（2）建筑设计应使厂房具有较大的通用性和改建、扩建的可能性。

（3）应严格遵守相关的规定，合理选择厂房建筑设计参数（柱距、跨度、柱顶标高、多层厂房的层高等），以便采用标准的、通用的结构构件，尽量做到设计标准化生产工厂化、施工机械化，从而提高厂房建造的工业化水平。

3. 满足建筑经济的要求

（1）在不影响卫生、防火及室内环境要求的条件下，将若干个车间（不一定是单跨车间）合并成联合厂房，对现代化连续生产极为有利。因为联合厂房占地较少，外墙面积也相应减小，还缩短了管网线路，使用灵活，能满足工艺更新的要求。

（2）应根据工艺要求、技术条件等，尽量采用多层厂房，以节省用地等。

（3）在满足生产要求的前提下设法缩小建筑体积，通过充分利用空间，合理减少结构面积，提高使用面积。

（4）在不影响厂房的坚固耐久、生产操作、使用要求和施工速度的前提下，应尽量降低材料的消耗，从而减轻构件的自重和降低建筑造价。

（5）设计方案应便于采用先进的、配套的结构体系及工业化施工方法。但是，必须结合当地的材料供应情况，施工机具的规格、类型以及施工人员的技能考虑。

4. 满足卫生及安全的要求

（1）应有与厂房所需采光等级相适应的采光条件，以保证厂房内部工作面上的照度满足要求；应有与室内生产状况及气候条件相适应的通风措施。

（2）能排除生产余热、废气，提供正常的卫生、工作环境。

（3）对散发出的有害气体、有害辐射、严重噪声等，应采取净化、隔离以及消声、隔声等措施。

（4）美化室内外环境，注意厂房内部的水平绿化垂直绿化及色彩处理。

（5）总平面设计时，应将有污染的厂房放在下风位。

二、工业建筑施工测量

工业建筑中以厂房为主体，一般工业厂房采用预制构件在现场装配的方法施工。厂房的预制构件有柱子，吊车梁和屋架等。因此，工业建筑施工测量的工作主要是保证这些预制构件安装到位。

学习环境：网络查询工业建筑施工测量规范，参观学校所在城市工业厂房施工测量的工作，然后在专业教师的指导下进行本任务的学习。

仪器工具：全站仪、经纬仪、水准仪、计算器、水准尺等。

（一）工业建筑施工测量要求

1.在施工的建筑物或构筑物外围，应建立线板或控制桩。线板应注记中心线编号，并测设标高。线板和控制桩应注意保存。

2.施工测量人员在大型设备基础浇筑过程中，应及时看守观测，当发现位置及标高与施工要求不符时，应立即通知施工人员，及时处理。

3.测设备工序间的中心线，宜符合下列规定：当利用建筑物的控制网测设中心线时，其端点应根据建筑物控制网相邻的距离指示桩，以内分法测定；进行中心线投点时，经纬仪的视线，应根据中心线两端点确定，当无可靠校核条件时，不得采用测设直角的方法进行投点。

4.构件的安装测量工作开始前，必须熟悉设计图，掌握限差要求，并制订作业方法。

5.柱子、桁架或梁的安装测量的允许偏差，应符合表4-1的规定。

6.构件预安装测量的允许偏差，应符合表4-2的规定。

7.附属构筑物安装测量的允许偏差，应符合表4-3的规定。

8.设备安装过程中的测量，应符合下列规定：

（1）设备基础中心线的复测与调整。基础竣工中心线必须进行复测，两次测量的较差不大于5mm。埋设有中心标板的重要设备基础，其中心线由竣工中心线引测，同一中心线标点的偏差应在±1mm以内。纵横中心线应进行垂直度的检测，并调整横向中心线。同一设备基准中心线的平行偏差或同一生产系统的中心线的直线度应在±1mm内。

（2）设备安装基准点的高程测量。一般设备基础基准点的标高偏差应在±2mm以内；转动装置有联系的设备基础，其相邻两基准点的标高偏差应在±1mm以内。

表 4-1 柱子、桁架或梁的安装测量允许偏差

测量内容	允许偏差
钢柱垫板标高	±2
钢柱 ±0 标高检查	±2
混凝土柱（预制）±0 标高	±3
混凝土柱、钢柱垂直度	±3
桁架和实腹梁、桁架和钢架的支承结点间相邻高差的偏差	±5
梁间距	±3
梁面垫板标高	±2

表 4-2 构件预装测量的允许偏差物业

测量内容	测量的允许偏差
平台面抄平	±1
纵横中心线的正交度	±0.8 $\sqrt{l}$
顶装过程中的抄平工作	±2

表 4-3 附属构筑物安装测量的允许偏差

测量项目	测量的允许偏差
栈桥和斜拉桥中心线的投点	±2
轨面的标高	±2
轨道跨距的丈量	±2
管道构件中心线的定位	±2
管道标高的测量	±5
管道垂直度的测量	H

（二）测设方法与放样数据计算

工业建筑定位方法主要有极坐标法、方向线交会法、直角坐标法、距离交会法、角度交会法和全站仪任意设站法，以及 GPS-RTK 放样等方法。

园区总平面设计和单个厂房设计，具体放样点的坐标和尺寸为虚设的，在教学过程中只能作为教学案例。具体实施步骤如下。

第一步：工业厂房控制网的测设。

工业建筑场地的施工控制网建立后，为了对每个厂房或车间进行施工放样，还需对每个厂房或车间建立厂房施工控制网。由于厂房多为排柱式建筑，跨度和间距大，所以厂房施工控制网多数布设成矩形，故也称厂房矩形控制网或简称厂房矩形网。

1. 布网前的准备工作

（1）了解厂房平面布置情况，以及设备基础的布置情况。

（2）了解厂房柱子中心线和设备基础中心线的有关尺寸、厂房施工坐标和标高等。

（3）熟悉施工场地的实际情况，如地形变化、放样控制点的应用等。

（4）了解施工的方法和程序，熟悉各种图纸资料。

2.厂房控制网的布网方法

（1）角桩测设方法

布置在基坑开挖范围以外的厂房矩形控制网的四个角点，称为厂房控制桩。角桩测设法就是根据工业建筑厂区的方格网，利用直角坐标法直接测设厂房控制网的四个角点。用木桩标定后，检查角点间的角度和距离关系，并做必要的误差调整。一般来说，角度误差不应超过 ±10″，边长相对误差不得超过 1/10000。这种形式的厂房矩形控制网适用于精度要求不高的中小型厂房。

（2）主轴线测设方法

厂房主轴线指厂房长、短两条基本轴线，一般是互相垂直的主要柱列轴线或设备基础轴线。它是厂房建设和设备安装平面控制的依据。主轴线测设方法步骤如下：

1）首先根据厂区控制网定出厂房矩形网的主轴线，如图 4-1 所示。其中 A、O、B 为主轴线点，它们可根据厂区控制网或原有控制网测设，并适当调整使三点在一条直线上。然后在 O 点测设 OC 和 OD 方向，并进行方向改正，使两主轴线严格垂直，主轴线交角误差为 ±（3″~5″）。轴线方向调整好后，以 O 点为起点精密量距，确定主轴线端点位置，主轴线边长精度不低于 1/30000。

2）根据主轴线测设矩形控制网。如图 4-1 所示，分别在 A、B、C、D 处安置经纬仪，后视 O 点，测设直角，交会出 E、F、G、H 各厂区控制桩，然后再精密丈量 AH、AE、GB、BF、CH、CG、DE、DF，其精度要求与主轴线相同。若量距所得交点位置与角度交会所得点位置不一样，则应调整。

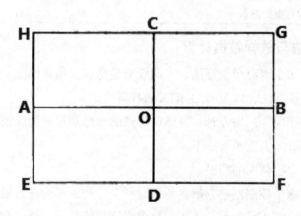

图 4-1 用主轴线测设厂房控制

第二步：柱列轴线的测设和柱基施工测量

1.柱列轴线的测设

根据厂房平面图上所注的柱间距和跨距尺寸，用钢尺沿矩形控制网各边量出各柱列轴线控制桩的位置，并打入大木桩，桩顶用小钉标出点位，作为柱基测设和施工安装的依据。丈量时应以相邻两个距离指标桩为起点分别进行，以便检核。

2. 柱基定位和放样

（1）安置两台经纬仪，在两条互相垂直的柱列轴线控制桩上，沿轴线方向交会出各柱基的位置（即柱列轴线的交点），此项工作称为柱基定位。

（2）在柱基的四周轴线上，打入四个定位小木桩，其桩位应在基础开挖边线以外，比基础深度大 1.5 倍的地方，桩顶采用统一标高，并在桩顶用小钉标明中线方向，作为修坑和立模的依据。

（3）按照基础详图所注尺寸和基坑放坡宽度，用特制角尺，放出基坑开挖边界线，并撒出白灰线以便开挖，此项工作称为基础放样。

（4）在进行柱基测设时，应注意柱列轴线不一定都是柱基的中心线，而一般立模、吊装等习惯用中心线，此时，应将柱列轴线平移，定出柱基中心线。

3. 柱基施工测量

（1）基坑开挖深度的控制

当基坑挖到一定深度时，应在基坑四壁离基坑底设计标高 0.5m 处，测设水平桩，作为检查基坑底标高和控制垫层的依据。此外还应在坑底边沿及中央打入小木桩，使桩顶高程等于垫层设计高程，以便在桩顶拉线打垫层。

（2）杯形基础立模测量

杯形基础立模测量有以下三项工作：

1）基础垫层打好后，根据基坑周边定位小木桩，用拉线吊锤球的方法，把柱基定位线投测到垫层上，弹出墨线。用红漆画出标记，作为柱基立模板和布置基础钢筋的依据。

2）立模时，将模板底线对准垫层上的定位线，并用锤球检查模板是否垂直。

3）将柱基顶面设计标高测设在模板内壁，作为浇灌混凝土的高度依据。在支杯底模板时，顾及柱子预制时可能有超长的现象，应使浇灌后的杯底标高比设计标高略低 3~5cm，以便拆模后填高修平杯底。

第三步：工业厂房构件的安装测量。

在建筑工程施工中，为了缩短施工工期，确保工程质量，随着建筑工程施工机械化程度的提高，将以往所采用的现场浇注钢筋混凝土改为工业化生产预制构件，并在施工现场安装主要构件。在构件安装之前，必须仔细研究设计图纸所给预制构件尺寸，查预制实物尺寸，考虑作业方法，使安装后的实际尺寸与设计尺寸相符或在容许的偏差以内。单层工业厂房主要由柱子、吊车梁、吊车轨道、屋架等组装而成。从安装施工过程来看，柱子的安装最为关键，它的平面、标高，垂直度的准确性，将影响其他构件的安装精度。

1. 柱子安装测量

（1）柱子安装应满足的基本要求

柱子中心线应与相应的柱列轴线一致，其允许偏差为 ±5mm。牛腿顶面和柱顶面的实际标高应与设计标高一致，其允许误差为 ±（5~8）mm，柱高大于 5m 时为 ±8mm。柱身垂直允许误差为当柱高 ≤ 5m 时，为 ±5mm；当柱高 5~10m 时，为 ±10mm；当柱高超过

10m 时，则为柱高的 1/1000，但不得大于 20mm。

（2）柱子安装前的准备工作

柱子安装前的准备工作有以下几项。

1）在柱基顶面投测柱列轴线。柱基拆模后，用经纬仪根据柱列轴线控制桩，将柱列轴线投测到杯口顶面上，并弹出墨线，用红漆画出"▼"标志，作为安装柱子时确定轴线的依据。如果柱列轴线不通过柱子的中心线，应在杯形基础顶面上加弹柱中心线。用水准仪在杯口内壁，测设一条一般为 –0.600m 的标高线（一般杯口顶面的标高为 –0.500m），并画出"▼"标志，作为杯底找平的依据。

2）柱身弹线。柱子安装前，应将每根柱子按轴线位置进行编号。在每根柱子的 3 个侧面弹出柱中心线，并在每条线的上端和下端近杯口处画出"▼"标志。

根据牛腿面的设计标高，从牛腿面向下用钢尺量出 –0.600m 的标高线，并画出"▼"标志。

3）杯底找平。先量出柱子的 –0.600m 标高线至柱底面的长度，再在相应的柱基杯口内，量出 –0.600m 标高线至杯底的高度，并进行比较，以确定杯底找平厚度，用水泥砂浆根据找平厚度，在杯底找平，使牛腿面符合设计高程。

（3）柱子的安装测量

柱子安装测量的目的是保证柱子平面和高程符合设计要求，柱身铅直。

1）预制的钢筋混凝土柱子插入杯口后，应使柱子 3 个侧面的中心线与杯口中心线对齐，用木楔或钢楔临时固定。

2）柱子立稳后，立即用水准仪检测柱身上的 ±0.000m 标高线，其允许误差为 ±3mm。

3）将两台经纬仪分别安置在柱基纵横轴线上，经纬仪离柱子的距离不小于柱高的 1.5 倍，先用望远镜瞄准柱底的中心线标志，固定照准部后，再缓慢抬高望远镜观察柱子偏离十字丝竖丝的方向，指挥用钢丝绳拉直柱子，直至从两台经纬仪中观测到的柱子中心线都与十字丝竖丝重合为止。

4）在杯口与柱子的缝隙中浇入混凝土，以固定柱子的位置。

5）在实际安装时，一般是一次把许多柱子都竖起来，然后进行垂直校正。这时，可把两台经纬仪分别安置在纵横轴线的一侧，一次可校正多根柱子，但仪器偏离轴线的角度 β 应在 15° 以内。

（4）柱子安装测量的注意事项

1）由于安装施工现场场地有限，往往安置经纬仪离目标较近，照准柱身上部目标时仰角较大。为了减小经纬仪横轴不垂直于竖轴所造成的倾斜面投影的影响，仪器必须进行检验校正，尤应注意横轴垂直于竖轴的检验。当发现存在这种误差时，必须校正好后方能使用或换一台满足条件的经纬仪。

2）由于仰角较大，仪器如不严格整平，竖轴可能不铅垂，仪器产生倾斜误差。此时，远处高目标照准投影误差较大，因而仪器安置必须严格整平。

3）在强阳光下安装柱子，要考虑到各侧面受热不均产生柱身弯曲变形影响。其规律是柱子向背阴的一面弯曲，使柱身上部中心位置有水平位移。为此，应选择有利的安装时间，一般早晨或阴天较好。

4）为了校正柱子上部偏离中心线位置而用锤敲打下部杯口木楔或钢楔时，不应使下部柱子有位移，要保证柱脚中心线标记与杯口上的中心线标记一致，致使柱身上部做倾斜位移。

2.吊车梁安装测量

吊车梁安装测量主要是保证吊车梁中线位置和吊车梁的标高满足设计要求。

（1）吊车梁安装前的准备工作

1）在柱面上量出吊车梁顶面标高。根据柱子上的 ±0.000m 标高线，用钢尺沿柱面向上量出吊车梁顶面设计标高线，作为调整吊车梁面标高的依据。

2）在吊车梁上弹出梁的中心线。在吊车梁的顶面和两端面上，用墨线弹出梁的中心线，作为安装定位的依据。

3）在牛腿面上弹出梁的中心线，根据厂房中心线在牛腿面上投测出吊车梁的中心线，投测方法如下：利用厂房纵轴线，根据设计轨道间距，在地面上测设出吊车梁中心线（也是吊车轨道中心线）。在吊车梁中心线的一个端点，上安置经纬仪，瞄准另一个端点，固定照准部，抬高望远镜，即可将吊车梁中心线投测到每根柱子的牛腿面上，并用墨线弹出梁的中心线。

（2）吊车梁的安装测量

安装时，首先使吊车梁两端的梁中心线与牛腿面梁中心线重合，误差不超过 5mm，这是吊车梁初步定位。然后采用平行线法，对吊车梁的中心线进行检测，校正方法如下：

1）在地面上，从吊车梁中心线向厂房中心线方向量出长度，得到平行线。

2）在平行线一端点上安置经纬仪，瞄准另一端点，固定照准部，抬高望远镜进行测量。

3）此时，另外一人在梁上移动横放的木尺，当视线正对水准尺上 1m 刻画线时，尺的零点应与梁面上的中心线重合。

吊车梁安装就位后，先按柱面上定出的吊车梁设计标高线对吊车梁面进行调整，然后将水准仪安置在吊车梁上，每隔 3m 测一点高程，并与设计高程比较，误差应在 5mm 以内。

（3）吊车轨道安装测量

吊车安装前，依然采用平行线方法检测梁上吊车轨道中心线。轨道安装完毕后，应进行以下几项检查。

1）中心线检查。安置经纬仪于轨道中心线上，检查轨道面上的中心线是否都在一条直线上，误差不超过 3mm。

2）跨距检查。用检定后的钢尺悬空丈量轨道中心线间的距离，并加上尺长、温度及其他改正。它与设计跨距之差不超过 5mm。

3）轨道标高检查。用水准仪根据吊车梁上的水准点检查，在轨道接头处各测一点，允许误差为±1mm，中间每隔6m测一点，允许偏差±2mm，两根轨道相对标高允许偏差±10mm。

第六节　工厂总平面设计

工厂总平面设计是根据全厂的生产工艺流程、交通运输、卫生、防火、风向、地形、地质等条件确定建筑物构筑物的布局；合理地组织人流和货流，避免交叉和迂回；合理布置各种工程管线；进行厂区竖向设计；美化和绿化厂区等。建筑物布局时，应保证生产运输线最短，不迂回，不交叉干扰，并保证各建筑物的卫生和防火要求等。工厂的总平面设计反映了设计师对整个工厂布局的宏观把控，合理的总平面设计能够减少工程项目的成本，加快工厂建设的施工进度，对工厂今后的生产也有很大的帮助。

一、工厂址选择原则

工厂总平面的功能分区一般包括生产区和厂前区两大部分。生产区主要布置生产厂房、辅助建筑、动力建筑、原料堆场、备品及成品仓库、水塔和泵房等；厂前区主要布置行政办公楼等。各厂房在总平面的位置确定后，其平面设计会受总图布置的影响和约束，工厂总平面图在人流及物流组织、地形和风向等方面对厂房平面形式有直接影响。

1.厂址选择必须符合工业布局和城市规划的要求，并按照国家有关法律、法规及建设前期工作的规定进行。

2.配套的居住区、交通运输、动力公用设施、废料场及环境保护工程等用地，应与厂区用地同时选择。

3.厂址选择应在对原料和燃料及辅助材料的来源、产品流向建设条件经济、社会、人文、环境保护等各种因素进行深入的调查研究，并进行多方案技术经济比较后择优确定。

4.厂址宜靠近原料、燃料基地或产品主要销售地，并有方便、经济的交通运输条件。

5.厂址应有必需的水源和电源，用水、用电量特别大的工业企业，宜靠近水源和电源。

6.散发有害物质的工业企业厂址，应位于城镇、相邻工业企业和居住区全年最小频率风向的上风侧，不应位于窝风地段。

7.厂址的工程地质条件和水文地质条件要好。

8.厂址应选择适宜的地形，应有必需的场地面积，并应适当留有发展的余地。

9.厂址应有利于工厂同关系密切的其他单位之间的协作。

二、工业建筑的总平面设计的主要内容

1. 合理地进行用地范围内建筑物、构筑物及其他工程设施的平面布置，处理好相互间关系。

2. 结合场地状况，确定场地排水，计算土方工程量、建筑物和道路的标高，并合理进行竖向布置。

3. 根据使用要求，合理选择交通运输方式，搞好道路路网布置组织好厂区内的人流、货运流线。

4. 协调室内外及地上、地下管线敷设的管线综合布置。

5. 布置厂区绿化，做好环境保护，考虑处理"三废"和综合利用的场地位置。

6. 与工艺设计、交通运输设计、公用工程（水电气供应等）设计等相配合。

三、工业建筑总平面设计要点

1. 应在满足生产的需要和防火、安全、通风、日照等要求的同时，尽量节约用地，紧凑布置。

2. 建筑物的平面轮廓宜采用规整的形状，避免造成土地浪费和增加建造难度。

3. 充分利用厂区的边角、零星地布置次要辅助建、构筑物、堆场等；有铁路运输的工厂，应合理选择线路接轨处，使铁路进场专用线与厂区形成的夹角控制在60°左右，以减少扇形面积，提高土地利用率。

4. 尽量少占或不占耕地，充分利用荒地、坡地、劣地及河、湖海滩等地。

5. 将分散的建筑物合并成联合厂房，可以节约用地、缩短运距和管线长度，减少投资；且有利于机械化、自动化，可以适应工艺的不断发展和变化。

四、总平面中生产厂房设计要点

厂区还可细分为厂前区、生产区、仓库区，有些厂还需设计生活区。各个部分的设计要点如下：

1. 厂前区一般安排产品销售、行政办公产品设计研究、质量检验及检测中心（或中心化验室），根据不同的需要将各个部分建筑集中或分散布置。

2. 生产区根据工艺流程来安排生产顺序，一般是"原材料检验→零配件粗加工→零配件细加工→装配→试车→产品检验→产品包装→入库"。应根据不同生产性质布置各工序工种厂房，有的产品可集中在大厂房中，有的则需分散布置。

3. 仓库区一般分为三个部分：一是原料库，主要存放够生产一个周期的备用原材物料；二是设备库，用于储备生产设备、备用件及需要及时更换的零配件，其储存量应能保证生

产使用；三是成品库，用于及时存放已包装的待售产品。仓库的设置要结合生产流程，原料库放在工艺流程的上游，成品库放在下游，设备库则可根据各工序和需要分散存放于各流程之中。仓库的设置还要根据运输条件，如大宗原材料及成品运输可能涉及铁路公路专用线，需建设相应的货台以利装卸。至于仓库容积的大小，应根据生产储备的需要量和现代物流行业的需求情况来确定，仓库的平面布置则需根据生产规模、原材料产地及运输条件诸多因素来确定。

4.生活区一般分为两个部分，一是在厂内必须设置的更衣室、浴室、食堂，这个部分有的单独设置，也有的分散安排于车间，对生产性质不间断的某些小厂，也可设计在厂外。二是供职工生活的居住区，包括单身职工宿舍及家属住宅，特别是远离城市的工矿厂区更需要考虑。

随着经济快速发展，以往以功能为主的总平面设计已经不能满足现代工业建筑的发展要求。因此，在设计中除了考虑留足建筑间距，保证房屋的日照通风条件外，还要考虑对环境的要求及良好的服务功能，例如应配备漫步、休憩晒太阳、遮阴、聊天等户外活动场所。特别是在厂前区和生活区，也与民用建筑一样要求进行绿化、美化，最终建设起无污染、环境优美的园林化的工厂。

五、建筑工业化

（一）工业 4.0 时代

1. 概述

工业 4.0 是德国政府提出的一个高科技战略计划。该项目由德国联邦教育与研究部和联邦经济技术部联合资助，投资预计达 2 亿欧元。旨在提升制造业的智能化水平，建立具有适应性、资源效率及人因工程学的智慧工厂，在商业流程及价值流程中整合客户及商业伙伴。其技术基础是网络实体系统及物联网。

德国所谓的工业四代（Industry4.0）是指利用物联信息系统（Cyber-Physical System, CPS）将生产中的供应、制造、销售信息数据化、智慧化，最后达到快速、有效、个人化的产品供应。工业 4.0 已经进入中德合作新时代，中德双方签署的《中德合作行动纲要》中，有关工业 4.0 的合作内容共有 4 条，第一条就明确提出工业生产的数字化即"工业 4.0"对于未来中德经济发展具有重大意义。双方认为，两国政府应为企业参与该进程提供政策支持。

工业 1.0 是机械制造时代，工业 2.0 是电气化与自动化时代，工业 3.0 是电子信息化时代。"工业 4.0"描绘了一个通过人、设备与产品的实时联通与有效沟通，构建一个高度灵活的个性化和数字化的智能制造模式。

"工业 4.0"概念包含了由集中式控制向分散式增强型控制的基本模式转变，目标是建立一个高度灵活的个性化和数字化的产品与服务的生产模式。在这种模式中，传统的行业界限将消失，并会产生各种新的活动领域和合作形式。创造新价值的过程正在发生改变，产业链分工将被重组。

德国学术界和产业界认为，"工业4.0"概念即以智能制造为主导的第四次工业革命，或革命性的生产方法。该战略旨在通过充分利用信息通信技术和网络空间虚拟系统——信息物理系统（Cyber-Physical System）相结合的手段，将制造业向智能化转型。

2. 发展现状

工业自动化是德国得以启动工业4.0的重要前提之一，主要是在机械制造和电气工程领域。目前在德国和国际制造业中广泛采用的"嵌入式系统"，正是将机械或电气部件完全嵌入受控器件内部，是一种特定应用设计的专用计算机系统。数据显示，这种"嵌入式系统"每年获得的市场效益高达200亿欧元，而这个数字到2020年提升至400亿欧元。

有专家预计，不断推广的工业4.0将为德国的西门子、ABB等机械和电气设备生产商，以及菲尼克斯电气（Phoenix Contact）、浩亭（Harting）以及魏德米勒（Weidmüller）等中小企业带来大量订单。

德国联邦贸易与投资署专家表示，工业4.0是运用智能去创建更灵活的生产程序、支持制造业的革新以及更好地服务消费者，它代表着集中生产模式的转变。所谓的系统应用、智能生产工艺和工业制造，并不是简单的一种生产过程，而是产品和机器的沟通交流，产品来告诉机器该怎么做。生产智能化在未来是可行的，将工厂、产品和智能服务通联起来，将是全球在新的制造业时代一件非常正常的事情。

工业4.0是涉及诸多不同企业、部门和领域，以不同速度发展的渐进性过程，跨行业、跨部门的协作成为必然。在汉诺威工业博览会上，由德国机械设备制造业联合会（VDMA）、德国电气和电子工业联合会（ZVEI）以及德国信息技术、通讯、新媒体协会（BIT-KOM）三个专业协会共同建立的工业4.0平台正式成立。

3. 标准制定

标准化的缺失实际上是德国工业4.0项目推行过程中所遭遇的另一个困难。设备不仅必须会说话，而且必须讲同一种语言，即通向数据终端的"接口"。

德国正致力成为这个标准的制定者和推广者。但德国官方并没有透露这些标准的相关内容，据悉，标准的制定工作正在紧锣密鼓地进行。近日，工业4.0平台发布了一个工业数据空间，访问者可以通过该空间获取世界上所有工业的信息。这个空间有着统一的"接口"标准，并且允许所有人对其进行访问。

探索标准化的还有他人。事实是，为了应对去工业化、将物联网和智能服务引入制造业的国家并不止德国一个。尽管提法不同，但内容却类似，如美国的"先进制造业国家战略计划"、日本的"科技工业联盟"、英国的"工业2050战略"等。而中国制造业顶层设计"中国制造2025"已经在2015年上半年推出。

2014年11月中德双方发表了《中德合作行动纲要：共塑创新》，宣布两国将开展工业4.0合作，该领域的合作有望成为中德未来产业合作的新方向。而借鉴德国工业4.0计划，是"中国制造 2025" 的既定方略。

中国工业转型在中国转变经济增长模式的过程中扮演着重要角色。重新平衡经济发展，即减少以投资和出口为基础的增长，寻求更多的来自内需驱动的增长至关重要。为了实现这一目标，中国需要实现工业现代化。为了保持 GDP 在一个稳定的增长水平上，它需要从劳动密集型生产模式切换至高效的高科技生产模式。劳动力成本急剧上涨，并且在将来仍会继续扩大。中国将在不久的将来面临合格人才的短缺。从长期来看，只有那些进入高端制造业的企业才有机会留在市场里。这种由现代化所带来的压力将影响到中国几乎所有的行业，而工业自动化和新一代信息技术的集成是关键。

工业 4.0 可以为中国提供一种未来工业发展的模式，解决眼下所面临的一些挑战，如资源和能源效益、城市生产和人口变化等。

随着中国的加入，德国对工业 4.0 标准的制定或将加速。

（二）预制化数据中心

1. 概述

时至今日，传统数据中心的建设方式面临的挑战，已清晰地展现在从业者的面前。尤其是大型、超大型数据中心动辄数年的建设周期，早已无法满足用户业务的快速发展需求。无论是对于将数据中心作为业务重心还是成本中心的用户而言，这一问题都已成为制约业务发展的瓶颈。同时，规划与现实的巨大落差已让数据中心业主无法承受。这类问题覆盖了从可用性、PUE，到温度场均衡、耗水量等，不一而足。一些极端的案例显示，规划预期约 1.6 的 PUE，在数据中心建成后甚至会高于 3.0。

这类问题的出现，很大程度上源于传统数据中心的规划理念与建设方式，通常这类设计方案至少需要在建设初期便照顾到终期业务量的需求。正是因为这一点，前期供电和制冷的过度配置几乎是无法避免的。

此外，传统数据中心对应的现场施工量巨大等因素，还会进一步导致设计与交付的质量存在差异等问题。

正是这种需求与实践的差异，推动了新一代数据中心的建设。如今，业界对相关趋势的演进已经形成共识，即预制化数据中心将成为未来建设的趋势。

随着大数据时代的到来，面对爆发增长的业务与突发的云服务需求，数据中心作为信息处理的大脑，要适应业务的快速增长弹性扩展，而传统数据中心以土建和现场施工作业为基础，存在建设周期长、质量不可控、无法灵活扩展等问题，俨然成为业务发展的瓶颈。预制化数据中心提出"预先设计、工厂生产、现场拼装"的数据中心建设新理念，通过预制化和标准化，很好地解决了上述问题。目前百度、腾讯、阿里巴巴、施耐德、艾默生等公司都在推进自己的预制化数据中心。

百度首个预制化集装箱数据中心在北京建成投产，标志着百度在大数据时代将预制模块化数据中心从概念变为现实，也预示着国内数据中心建设新模式和新方向。百度 M1 数据中心运维效率业界领先，剩余部分电和冷量，以及新业务的快速发展急需在北京地区解决 2000 个机架位，由于机房楼不可扩展，在数据中心周边布置预制集装箱成为解决问题的首选。集装箱与 M1 数据中心混搭方案实现 IT 设备与机房建筑及机电设备的解耦，将扩容工程变成了"按需部署、即装即用"的产品，并针对特殊场景做了诸多创新，开国内互联网公司预制集装箱数据中心应用的先河。

2. 预制化数据中心特点

预制化数据中心特点是产品化、快速交付、按需部署、更绿色。

（1）产品化

意味着数据中心建设不再以工程装修为主，取而代之的是，以产品化的思维进行设计和需求定制，以及现代化的工厂进行产品质量管控。百度预制集装箱包含的制冷系统、配电系统、动环监控系统、消防系统、安防系统、IT 系统等，从功能和物理两个维度打包成子模块，各子模块输出接口标准化，并通过工厂预制将这些模块进行优化组合和箱内拼装。组装的过程并不是简单的拼接和堆砌，更要考虑"生态平衡"，做到布放空间的平衡、性能和可靠性的平衡、外观协调性的平衡，打造了一个最优且稳定的数据中心生态系统。

（2）快速交付

产品化的设计极大地省去前期工程设计量，集装箱从项目下订单到交付使用仅仅需要 2 个月。产品化和接口标准化的箱体降低了现场安装要求，集装箱进场到完成部署就位仅花费 5 个小时，接驳工作历时 1 天，项目交付的高效是传统数据中心不能比的。

（3）按需部署

传统数据中心建设的规模规划因无法预知未来业务需求的变化和投产后运行状态，建设略显盲从。预制集装箱则以需求为前提做预先设计，借助产品仿真测试精准预测运行状态，集装箱运输到现场，以"搭积木"方式进行搭建，数据中心真正实现按需求容量，进行精准投放，大大提升使用和运营效率。

（4）更绿色

让数据中心更绿色一直是数据中心建设中追求的极致艺术。百度集装箱采用先进的保温及防冷桥措施，箱体完全封闭将冷量损失降到最低；采用市电直供加模块化 UPSECO 双路供电架构，系统效率提升至 99%；无冷凝水设计的列间空调就近布置，显著提升冷却效率。经过测试，集装箱 PUE 值降低到惊人的 1.05，达到业界同类产品的顶尖水准。除了布局效果和水电设备带来的效率增加外，提升计算能力，放置"高功率密度"服务器也成为效率提升的重要措施。据了解，百度集装箱为机电设备与 IT 共存的"一体箱"模式，箱体内部署的服务器超过 1000 台，单机柜功耗达 20kW。同时支持百度专用的 GPU 服务器，等瓦特情况下的计算能力较传统提升数十倍。

3. 预制化数据中心优势

所谓预制化数据中心，从最直观的建设流程上看，是指数据中心的大部分建设工作在工厂完成，即部分基础设施按照实际物理摆放，在工厂预先做好生产安装，以集装箱的方式运输到现场；在出厂前进行方案联调，到现场后就位安装。这一建设方式，具有工程量小，安装简单，建设周期大幅缩短等优势。

同时，相比传统数据中心，预制化数据中心更能适应特定项目的地理位置、气候技术规范、IT 应用及商业目标，同时可充分利用模块设计和预制的高效性和经济性。具体来看，预制化数据中心包括了以下优势：

（1）部署速度优势

预制化数据中心可以节省近 10 个月的部署时间，希望加快数据中心部署速度的组织机构可以积极考虑这种模式。部署速度优势主要体现在如下方面：

1）对于有重复建设需求的客户，可以将数据中心设计标准化，从而节省新项目的设计时间；

2）将数据中心的基建工作和数据中心基础设施建设由过去的串行改为并行，从而缩短建设周期；

3）避免传统建设方式中因不同设备到货周期不同而造成工期延误的问题。

（2）可扩展性优势

由于预制化数据中心是以模块化的方式来进行设计和预制的，可扩展性便成了其先天的属性。这一优势可以让客户实现数据中心随需建设，降低数据中心建设一次性的资金投入，帮助客户提升资金利用率。

（3）可靠性

预制化数据中心践行的是将工程产品化的设计原则，减少现场安装的工程量，弱化工程施工质量问题对系统可靠性带来的影响。

（4）性能优势

由于预制化数据中心的所有系统是统一进行设计和配置的，这就产生了一种紧密集成的设备，而它能够满足可用性和效率的最高标准。同时，因为其在工厂可控的环境下进行组装，所以供应商在产品出厂前，可以更好地控制工艺的配合性、加工及质量，以支持更全面的预检验和最优化。

一部分将数据中心作为业务的用户，更为关注其最优投资成本；而另一部分将数据中心作为成本中心的用户，对其可用性的追求则似乎永无止境。显然，无论是何种需求类型，预制化数据中心相较传统数据中心的优势，都非常明显。

4. 预制数据中心展望

预制集装箱只是预制化数据中心的开始，百度等公司还推出了其他预制化产品，以适应差异化场景解决差别性问题，也进一步勾勒出未来数据中心发力的轨迹，期待着能早日一睹芳容。相信不远的未来，数据中心将全面走向预制化，可根据业务需求灵活重配。

第七节　单层工业建筑

目前，我国单层工业厂房约占工业建筑总量的 75%。单层厂房有利于沿地面水平方向组织生产工艺流程、布置大型设备，这些设备的荷载会直接传给地基，也有利于生产工艺的改革。

单层厂房按照跨数的多少又有单跨和多跨之分。多跨厂房在实际的生产生活中采用得较多，其面积最多可达数万平方米，但也有特殊要求的车间会采用很大的单跨（36~100m），例如飞机库船坞等。

单层厂房有墙承重与骨架承重两种结构类型。只有当厂房的跨度、高度、吊车荷载较小时才用墙承重方案，当厂房的跨度、高度、吊车荷载较大时，多采用骨架承重结构体系。骨架承重结构体系由柱子、屋架或屋面大梁等承重构件组成，其结构体系可以分为刚架、排架及空间结构。其中以排架最为多见，因为其梁柱间为铰接，可以适应较大的吊车荷载。在骨架结构中，墙体一般不承重，只起围护或分隔空间的作用。我国单层厂房现多采用钢筋混凝土排架结构和钢排架。

骨架结构的厂房内部具有宽敞的空间，有利于生产工艺及其设备的布置及工段的划分，也有利于生产工艺的更新和改善。

1. 排架结构

钢筋混凝土排架结构多采用预制装配的施工方法。排架主要由横向骨架、纵向联系杆以及支撑构件组成。横向骨架主要包括屋面大梁（或屋架）、柱子、柱基础。纵向构件包括屋面板、联系梁、吊车梁、基础梁等。此外，还有垂直和水平方向的支撑构件用于提高建筑的整体稳定性。

钢结构排架与预制装配式钢筋混凝土排架的组成基本相同。

2. 轻型门式刚架结构

轻型门式刚架结构近年来在钢结构建筑中应用广泛，是用门式刚架作为主要承重结构，再配以零件、扣件、门窗等形成比较完善的建筑体系。它以等截面或变截面的焊接 H 型钢作为梁柱，以冷弯薄壁型钢作檩条、墙梁墙柱，以彩钢板作为屋面板及墙板，现场用螺栓或焊接拼接成的。

轻型门式刚架结构由工厂批量生产，在现场拼装形成，能有效地利用材料，其构件尺寸小、自重轻，抗震性能好，施工安装方便，建设周期短，能够形成大空间及大跨度。轻型门式刚架结构具有外表美观、适应性强、造价低，易维护等特点。

单层工业与民用房屋的钢结构中应用较多的为单跨、双跨或多跨的单双坡门式钢架，单跨钢架的跨度国内最大已达到 72m。

（1）结构形式

门式钢架分为单跨、双跨、多跨以及带挑檐的和带毗屋的钢架形式，其中多跨钢架宜采用双坡或者单坡屋盖，必要时也可采用由多个双坡单跨相连的多跨钢架形式。

单层门式刚架轻型房屋可采用隔热卷材做屋盖隔热和保温层，也可采用带隔热层的板材做屋面。

门式刚架的屋面坡度宜取 1/20~1/8，在雨水较多的地区宜取较大值。

（2）建筑尺寸

门式刚架的跨度，应取横向刚架柱轴线间的距离，宜为 9~36 m，以 3M 为模数。

门式刚架的高度，应取地面至柱轴线与斜梁轴线交点的高度，宜为 4.5~9 m，必要时可适当加大。

门式刚架的间距，即柱网轴线在纵向的距离，宜为 4.5~12 m。

（3）结构、平面布置

广式刚架结构的纵向温度区段长度不大于 300 m，横向温度区段长度不大于 150 m。

（4）墙梁布置

门式刚架结构的侧墙，在采用压型钢板作维护面时，墙梁宜布置在刚架柱的外侧。

外墙在抗震设防烈度不高于 6 度的情况下，可采用砌体；当为 7 度、8 度时，不宜采用嵌砌砌体，9 度时，宜采用与柱柔性连接的轻质墙板。

（5）支撑布置

柱间支撑的间距一般取 30~40 m，不大于 60 m。房屋高度较大时，柱间支撑要分层设置。

3. 单层厂房的平面设计

（1）生产工艺与厂房平面设计

厂房建筑的平面设计必须满足生产工艺的要求。生产工艺平面图设计主要包括下面 5 方面内容：

根据生产的规模、性质、产品规格等确定生产工艺流程。

选择和布置生产设备和起重运输设备。

划分车间内部各生产工段及其所占面积。

初步拟订厂房的跨数跨度和长度。

提出生产工艺对建筑设计的要求，如采光、通风、防振、防尘防辐射等。

1）按平面形式分类

单层厂房的平面形式主要有单跨矩形、多跨矩形、方形、L 形、E 形、H 形等几种。

矩形平面厂房在实际工程中选用最多，其平面形式较简单，利于抗震设计和施工，综合造价较低，且建筑具有良好的通风、采光、排气散热和除尘的功能，适用于中型以上的热加工厂房，如轧钢锻造、铸工等。在总平面布置时，宜将纵横跨之间的开口迎向当地夏季主导风向，或与夏季主导风向成小于等于 45° 的夹角。

2）按工艺流程分类

生产工艺流程一般以直线式、平行式、垂直式这三种为主。

①直线式：原料由厂房一端进入，成品或半成品由另一端运出，厂房多为矩形平面，可以是单跨或多跨平行布置。其特点是厂房内部各工段间联系紧密，但运输线路和工程管线较长。这种平面简单规整，适合对保温要求不高或工艺流程不会改变的厂房，如线材轧钢车间。

②平行式：原料从厂房的一端进入，产品由同一端运出，与之相适应的是多跨并列的矩形或方形平面。其特点是工段联系紧密，运输线路和工程管线短捷，形状规整，节约用地，外墙面积较小，利于节约材料和保温隔热，适合于多种生产性质的厂房。

③垂直式：垂直式的特点是工艺流程紧凑，运输线路及工程管线较短，相适应的平面形式是 L 形平面，会出现垂直跨。

（2）单层厂房的柱网选择

在骨架结构的厂房中，柱子是主要的竖向承重构件，其在平面中排列所形成的网格称为柱网。柱子纵向定位轴线之间的距离称为跨度，横向定位轴线之间的距离称为柱距。柱网的设计就是根据生产工艺要求等因素确定跨度及柱距。

柱网的选择除满足基本的生产工艺流程需求外，还需满足以下设计要求：

1）满足生产工艺设备的要求。

2）严格遵守相关规定。

3）应调整和统一柱网。

4）尽量选用扩大柱网。

《厂房建筑模数协调标准》要求厂房建筑的平面和竖向的基本协调模数应取扩大模数 3M。（备注：M=100 mm）。当建筑跨度不大于 18 m 时，应采用扩大模数 30M 的尺寸系列，即取 9m、12m、15m、18m。当跨度大于 18 m 时，取扩大模数 60M，模数递增，即取 24m、30m 和 36m。柱距应采用扩大模数 60M，即 6m、12m。

与民用建筑相同的是，适当扩大柱网可以提高工业建筑面积的利用率；有利于大型设备的布置及产品的运输；有利于提高工业建筑的通用性，适应生产工艺的变更及设备的更新；有利于扩大吊车的服务范围；有利于减少建筑结构构件的数量，加快建设进度，提高效率。

4. 单层厂房的剖面设计

单层厂房的剖面设计主要是指横剖面设计，其合理与否，会直接影响到厂房的使用及经济性。因此，生产工艺的要求、结构形式的选择、采光通风以及屋面的排水设计都对剖面的设计产生重大影响。

（1）生产工艺与厂房剖面设计

1）设计要点

厂房的剖面设计同样受生产工艺的制约，生产设备、运输工具、原材料码放、产品尺度等对建筑高度、采光形式通风、排水的要求，都是设计时需要考虑的。这些要求包括：

①满足生产工艺的需求。

②设计参数符合相关规定。

③满足生产工艺及设备的采光、通风排水、保温、隔热要求。

④尽量选用合理经济、易于施工的构造形式。

2）厂房内部的高度

厂房的高度是指室内地坪标高到屋顶承重结构下表面的距离。若屋顶为坡屋顶，则厂房的高度是由地坪标高到屋顶承重结构的最低点的垂直距离。因此，厂房的高度一般以柱顶标高来代表。

柱顶标高的确定一般分为两种：

①无吊车作业的工业建筑中，柱顶标高的设计是按最大生产设备高度安装及检修要求的净空高度等来确定的，设计应符合相关要求，同时设计还需符合扩大模数3M模数的规定，且一般不得低于 3.9 m。

②有吊车作业车间的柱顶标高的确定，可套用以下公式计算获得：

$$H = H_1 + h_6 + h_7$$

式中

H——柱顶标高，m，必须符合 3M 的模数；

H_1——吊车轨顶标高，m，一般由工艺要求提出；

h_6——吊车轨顶至小车顶面的高度，m，根据吊车资料查出；

h_7——小车顶面到屋架下弦底面之间的安全净空尺寸，mm，按国家标准及根据吊车起重量可取 300mm，400mm 或 500mm。

2. 厂房剖面设计中的采光、通风及排水

（1）采光

天然采光是利用日光或天光提供的优质采光条件，在厂房的设计中应充分利用天然采光。我国的相关规定，在采光设计中，天然采光标准以采光系数为指标。采光系数是室内某一点直接或间接接受天空漫射光所形成的照度与同一时间不受遮挡的该半球天空在室外水平面上产生的天空漫射光照度之比。这样，不管室外照度如何变化，室内某一点的采光系数是不变的。采光系数是无量纲量，用符号 C 表示。照度是衡量（工作）水平面上，单位面积接收到的光能多寡的指标。照度的单位是 lx，称作勒克斯。

厂房建筑的天然采光方式主要有侧面采光顶部采光（天窗）、混合采光（侧窗＋天窗）。

1）侧面采光。侧面采光又分为单侧采光和双侧采光。单侧采光的有效进深约为侧窗口上沿至地面高度的 1.5~2.0 倍，那么单侧采光房间的进深一般以不超过窗高的 1.5~2.0 倍为宜。如果厂房的宽高比很大，超过了单侧采光所能解决的范围，就要用双侧采光或辅以人工照明。

在有吊车的厂房中，常将侧窗分上下两层布置，上层称为高侧窗，下层称为低侧窗。

为不使吊车梁遮挡光线，高侧窗下沿距吊车梁顶面应有适当距离，一般取 600mm 左右。低侧窗下沿（即窗台高）一般应略高于工作面的高度，工作面高度一般取 800mm 左右。沿侧墙纵向工作面上的光线分布情况和窗及窗间墙分布有关，窗间墙以等于或小于窗宽为宜。如沿墙工作面上要求光线均匀，可减少窗间墙的宽度，或取消窗间墙做成带形窗。

2）顶部采光。顶部采光的形式包括矩形天窗、锯齿形天窗、平天窗等。

①矩形天窗。矩形天窗的应用相对较为广泛，一般南北朝向，室内光线均匀，直射光较少，不易产生眩光。由于采光面是垂直的，也利于防水和通风。为了获得良好的采光效果，合适的天窗宽度为厂房跨度的 1/2 ~ 1/3，两天窗的边缘距离 L 应大于相邻天窗高度和的 1.5 倍。

②锯齿形天窗。某些生产工艺对厂房有特殊要求，如纺织厂为了使纱线不易断头，厂房内要保持一定的温度和湿度；印染车间要求工作光线均匀、稳定，无直射光进入室内产生眩光等。这一类厂房常采用窗口向北的锯齿形天窗，以充分利用天空的漫射光。

锯齿形天窗厂房既能得到从天窗透入的光线，也能获得屋顶表面的反射光，可比矩形天窗节约窗户面积 30% 左右。由于其玻璃面积小而且朝北，在炎热地区对防止室内过热也有一定作用。

③横向天窗。当厂房受用地条件的限制东西向布置时，为防止西晒，可采用横向天窗。这种天窗适合于跨度较大、厂房高度较高的车间和散热量不大、采光要求高的车间。横向天窗有两种：一种是突出于屋面，一种是下沉于屋面，即所谓横向下沉式天窗。这种天窗具有造价较低、采光面大、效率高、光线均匀等优点；其缺点是窗扇形状不标准、构造复杂、厂房纵向刚度较差。

一般采光口面积的确定，是根据厂房的采光通风、立面处理等综合要求，先大致确定开窗的形式、面积及位置，然后根据厂房的采光要求校验其是否符合采光标准值。采光计算的方法很多，最简单的方法是通过相关规定给出的窗地面积比的方法进行计算。窗地面积比是指窗洞口面积与室内地面面积的比值，利用窗地面积比可以简单地估算出采光口的面积。

（2）通风

厂房的通风一般分为机械通风和自然通风两种形式。

机械通风主要依靠通风机，通风稳定可靠但耗费电能较大，设备的投资及维护费用也较高，适用于通风要求较高的厂房。

自然通风是利用自然风来实现厂房内部的通风换气，既简单又经济，但易受外界气象条件影响，通风效果不够稳定，因此为通风条件要求不高的厂房所采用，再辅之以少部分的机械通风。

为了更好地组织自然通风，在设计时要注意选择厂房的剖面形式，合理布置车间的进、出风口位置，自然通风的设计原则如下：

1）合理选择建筑朝向，应使厂房长轴垂直于当地夏季主导风向。从减少建筑物的太阳辐射和组织自然通风的综合角度来说，厂房布置在南北朝向是最合理的。

2）合理布置建筑群。建筑群的平面布置有行列式、错列式、斜列式，周边式、自由式等，从自然通风的角度考虑，行列式和自由式均能争取到较好的朝向，自然通风效果良好。

3）厂房开口与自然通风。为了获得舒适的通风，进风口开口的高度应低些，使气流能够作用到人身上，而高窗和天窗可以使顶部热空气更快散出。室内的平均气流速度只取决于较小的开口尺寸，通常取进出风口面积相等为宜。

4）导风设计。中轴旋转窗扇、水平挑檐、挡风板、百叶板、外遮阳板及绿化均可以起到挡风、导风的作用，可以用来组织室内通风。

（3）排水

厂房屋顶的排水与民用建筑的设计相同，根据地区气候状况、工艺流程、厂房的剖面形式以及技术经济等综合设计排水方式。排水方式分为无组织排水和有组织排水两种。

无组织排水常用于降雨量小的地区，适合屋顶坡长较小、高度较低的厂房。

5. 单层厂房的定位轴线

单层厂房的定位轴线是确定厂房建筑主要承重构件的平面位置及其标志尺寸的基准线，同时也是工业建筑施工放线和设备安装的最主要定位依据。厂房定位轴线的确定必须遵照我国有关规定。

一般情况下，将短轴方向的定位轴线称为横向定位轴线，相邻两条横向定位轴线之间的距离为厂房的柱距，厂房长轴方向的定位轴线称为纵向定位轴线，相邻两条纵向定位轴线间的距离为该跨的跨度。

（1）横向定位轴线

横向定位轴线主要用来标注厂房的纵向构件，如吊车梁、联系梁、基础梁、屋面板、墙板、纵向支撑等。确定横向定位轴线应主要考虑工艺的可行性、结构的合理性和构造的简单易操作。

1）柱与横向定位轴线

除两端的边柱外，中间柱的截面中心线与横向定位轴线重合，而且屋架中心线也与横向定位轴线重合。纵向的结构构件，如屋面板、吊车梁、联系梁的标志长度，皆以横向定位轴线为界。

在横向伸缩缝处一般采用双柱处理。为保证缝宽的要求，应设两条定位轴线，缝两侧柱截面中心均应自定位轴线向两侧内移 600 mm。两条定位轴线之间的距离称为插入距，此处的插入距等于变形缝的宽度。

2）山墙与横向定位轴线

①当山墙为非承重墙时，山墙内缘与横向定位轴线重合，端部柱截面中心线应自横向定位轴线内移 600 mm，这是因为山墙内侧设有抗风柱。抗风柱上柱应符合屋架上弦连接的构造需要（有些刚架结构厂房的山墙抗风柱直接与刚架下面连接，端柱不内移）。

②当山墙为承重山墙时，承重山墙内缘与横向定位轴线的距离应按砌体的块材类别，分别取半块（或半块的倍数），或墙厚的 50%，以保证构件在墙体上有足够的支承长度，同时也兼顾到了各地有因地制宜灵活选择墙体材料的可能性。

（2）纵向定位轴线

单层厂房的纵向定位轴线主要用来标注厂房的屋架或屋面梁等横向构件长度的标志尺寸。纵向定位轴线应使厂房结构和吊车的规格协调，保证吊车与柱之间留有足够的安全距离。纵向定位轴线的确定原则是结构合理、构件规格少、构造简单，在有吊车的情况下，还应保证吊车的运行及检修的安全需要。

（3）外墙、边柱的定位轴线

在支承式梁式或桥式吊车厂房设计中，由于屋架和吊车的设计制作都是标准化的，建筑设计应满足：

$$L = L_K + 2e$$

式中：

L——屋架跨度，即纵向定位轴线之间的距离；

L_K——吊车跨度，也就是吊车的轮距，可查吊车规格资料；

e——纵向定位轴线至吊车轨道中心线的距离，一般为 750 mm，当吊车为重级工作制需要设安全走道板或吊车起重量大于 50t 时，可采用 1000mm。

第八节 多层工业建筑

多层厂房在机械、电子、电器、仪表、光学、轻工、纺织、仓储等轻工业行业中具有重要的作用。在信息时代，随着工业自动化程度的提高及计算机的高度普及，从节省用地的角度出发，多层工业厂房在整个工业建筑的比重越来越大。

1. 多层厂房的特点

（1）生产在不同楼层进行，各层之间除了需要组织好水平联系外，还需要解决竖向层之间的生产关系。

（2）厂房的占地少，降低了基础的工程量，降低了厂区道路、管线、围墙等的长度。

（3）屋顶面积较小，一般不需要开设天窗，因此屋顶构造相对简单，且有利于保温和隔热的处理。

（4）厂房结构一般为梁板柱承重，柱网尺寸较小，生产工艺的灵活性受到一定约束。同时，对较大的荷载、设备及其引起的震动的适应性较差，需要进行特殊的结构处理。

2. 适用范围

（1）生产工艺上需要进行垂直运输的，如面粉厂、造纸厂、啤酒厂、乳制品厂以及化工厂的某些生产车间。

（2）生产上要求在不同标高上进行操作的，如化工厂的大型蒸馏塔、碳化塔等。

（3）生产过程中对于生产环境有一定要求的，如仪表厂、电子厂、医药及食品企业等。

（4）工艺上虽无特殊要求，但设备及产品质量较小的。

（5）工艺上无特殊要求，但建设用地紧张的新建或改扩建的厂房。

3.结构分类

多层厂房按照所用材料的不同分为混合结构、钢筋混凝土结构和钢结构。多层厂房的结构选型既要满足生产工艺的要求，还要考虑建造材料，当地的施工安装条件、构配件的生产能力以及场地的自然条件等。

（1）混合结构的取材及施工都比较方便，保温隔热性能较好，且经济适用，可满足楼板跨度在 4~6 m，层数在 4~5 层，层高为 5.4~6.0 m，楼面荷载较小且无振动的厂房要求。但当场地自然条件较差，有不均匀沉降时，应慎重选用。此外，地震多发区亦不宜选用。

（2）钢筋混凝土结构是我国目前采用最为广泛的一种形式，其剖面较小、强度大，能够适应层数较多、荷载较大、跨度较大的需要。除此之外，多层厂房还可采用门式钢架组成的框架结构等。

（3）钢结构具有质量轻强度高、施工速度快（一般认为可提高速度 1 倍左右）等优点，目前的主要趋势是采用轻钢结构和高强度钢材，可比普通钢结构可节省钢材 15%~20%，造价降低 15%，减少用工 20% 左右。

多层厂房的平面设计

1.工艺流程的类型

生产工艺流程的布置是厂房平面设计的主要依据。按照生产工艺流向的不同，多层厂房的生产工艺流程的布置可归纳为自上而下式、自下而上式、上下往复式三种类型。

（1）自上而下式

自上而下式的特点是把原料先送至最高层后，按照生产工艺流程自上而下地逐步进行加工，最后的成品由底层输出。自上而下式可利用原料的自重使其下降以减少垂直运输设备，一些进行粒状或粉状材料加工的工厂常采用，如面粉加工厂、电池干法密闭调粉楼。

（2）自下而上式

采用自下而上式，原料自底层按照生产按流程逐层向上输送并被加工，最后在顶层加工成为成品，适用于手表厂照相机厂或一些精密仪表厂等轻工业厂房。

（3）上下往复式

上下往复式是一种混合布置的方式，它能适应不同的情况要求，应用范围较广，如印刷厂。

2.平面设计的原则

应根据生产工艺流程、工段的组合、交通运输采光通风及生产上的各类要求，经过综合探讨后决定其平面布置。由于各工段间生产性质、环境要求不同，组合时应将具有共性的工段做水平和垂直的集中分区布置。

多层厂房的平面布置形式一般有内廊式、统间式、大宽度式、混合式、套间式几种。

（1）内廊式

特点是两侧布置生产车间和办公、服务房间，中间为走廊。这种布置形式适用于各个工段面积不大，生产上既需要紧密联系，又不互相干扰的工段。各工段可按照工艺流程布置在各自的房间内，再用内廊联系起来。

（2）统间式

统间式中间只有承重柱，不设隔墙。这种布置形式对自动化流水线的操作较为有利。

（3）大宽度式

为了平面的布置更经济合理，可加大厂房宽度，形成大宽度式的平面形式。其垂直交通可根据生产需要，设置于中间或周边部位。

（4）混合式

混合式由内廊式与统间式混合布置而成，根据生产工艺的需要可采用同层混合或者分层混合的形式。它的优点是能够满足不同生产工艺流程的要求，灵活性较大。缺点是施工比较麻烦，结构类型较难统一，常易造成平面及剖面形式的复杂化，且对防震不利。

（5）套间式

通过一个房间进入另一个房间的布置形式称为套间式，这是为了满足生产工艺的要求，或为了保证高精度生产的正常进行而采用的组合形式。

第九节 现代工业建筑发展趋势

随着社会发展和物质水平的提高，在满足工艺要求的基础上，工业建筑的设计更加重视以人为本的理念。目前，我国的工业建筑设计也在这样的发展大潮下越来越淡化了与民用建筑之间的界限，工业建筑有了更多的公共建筑的特性。

1. 工业建筑向高强、轻质、巨大发展

高强是指材料强度高。随着技术的发展，建筑中已经出现强度越来越高的材料，如高强混凝土。轻质是指材料的质量小，在建筑中可减少建筑的自重。巨大是指厂房的空间巨大，如工业建筑中钢架结构和排架结构等能够提供大空间和大跨度，方便大型机械的进出和安装及拆卸。巨大的空间结构也能节约土地资源，它避免运输道路占用过多的土地，将节省出来的土地改用于种植树木增加绿化带，美化环境。另外，利用材质较轻的骨架也可减少建筑自重，钢制的排架结构能承受较大的屋面荷载作用。在技术不断更新的时代，工业生产升级为自动化和机械化，运输工具也不断更新，工业厂房所承担的荷载也在不断降低，所以，轻质的钢架结构和排架结构越来越受到重视，逐步替代了笨重的钢筋混凝土结构。预制的就够构件能够快速地完成安装和拆卸，方便施工，加快了施工速度，使工期的要求也不再紧张，且因其安拆方便，有利于工业厂房的改建和扩建。

2. 标准模块化发展趋势

模块化是现代建筑工业化常用的方式，即利用标准的柱网设计成标准单元模块。这是在工业化生产和机械化生产施工中应运而生的一种设计方式，对厂房的扩建有很好的适应性，还能减少装配构件的类型。

3. 可持续发展

可持续发展是指加强对自然资源的利用，减少投资，并进行节能管理。由于工业建筑具有空间大、投资大、使用期限长的特点，所以对可持续发展有较高的要求，在其平面布置和局部装修设计等方面都要考虑。此外，工业建筑也要考虑与人及人的生活环境紧密结合，做到满足工业生产要求的同时也要符合现代人的生活方式，例如合理的通风设计可减少空调的消耗。

4. 强调文化性

工业建筑虽与一般民用建筑有所区别，但它们都需要塑造一个与环境交融的形象和满足一定的需求。基于此，在设计时不但要与时俱进，还要因地制宜，创造出既新颖而又具文化底蕴的建筑，体现文化艺术气息。

工业生产技术发展迅速，生产体制变革和产品更新换代频繁，厂房在向大型化和微型化两极发展；同时普遍要求在使用上具有更大的灵活性，以利发展和扩建，并便于运输机具的设置和改装。工业建筑设计的趋向是：（1）适应建筑工业化的要求。扩大柱网尺寸，平面参数、剖面层高尽量统一，楼面、地面荷载的适应范围扩大；厂房的结构形式和墙体材料向高强、轻型和配套化发展。（2）适应产品运输的机械化、自动化要求。为提高产品和零部件运输的机械化和自动化程度，提高运输设备的利用率，尽可能将运输荷载直接放到地面，以简化厂房结构。（3）适应产品向高、精、尖方向发展的要求，对厂房的工作条件提出更高要求。如采用全空调的无窗厂房（也称密闭厂房），或利用地下温湿条件相对稳定、防震性能好的地下厂房。地下厂房现已成为工业建筑设计中的一个新领域。（4）适应生产向专业化发展的要求。不少国家采用工业小区（或称工业园地）的做法，或集中一个行业的各类工厂，或集中若干行业的工厂，在小区总体规划的要求下进行设计，小区面积由几十公顷到几百公顷不等。（5）适应生产规模不断扩大的要求。因用地紧张，因而多层工业厂房日渐增加，除独立的厂家外，多家工厂共用一幢厂房的工业大厦也已出现。（6）提高环境质量。

第五章　工程施工管理

随着社会的不断进步和经济的不断发展，建筑工程的建设工作逐渐引起人们的重视。在社会快速发展的今天，人们对生活水平的要求越来越高。人们不仅满足于生活的稳定，而且要求优雅的生活环境。在建筑工程施工中，建筑工程施工管理也是一个重要的研究课题。本章主要对施工管理展开讲述。

第一节　施工进度管理

一、施工进度管理概述

（一）施工进度管理的含义

施工进度管理指为实现预定的进度目标而进行的计划、组织、指挥、协调和控制等活动。施工进度管理的内容主要包括：根据限定的工期确定进度目标；编制施工进度计划；在进度计划实施过程中，及时检查实际施工进度，并与计划进度进行比较，分析实际进度与计划进度是否相符。若出现偏差，则分析产生的原因及对后续工作和工期的影响程度，并及时调整，直至工程竣工验收。

（二）施工进度管理程序

施工进度管理是一个动态的循环过程，主要包括施工进度目标的确定，施工进度计划的编制和施工进度计划的跟踪、检查、调整等内容。

（三）施工进度影响因素分析

要想有效地控制施工进度，就必须对影响施工进度的因素进行全面分析和预测。这样，一方面可以促进对有利因素的充分利用和对不利因素的妥善预防；另一方面也便于事先制定预防措施，事中采取有效对策，事后妥善补救，以缩小实际进度与计划进度的偏差，实现对建设工程施工进度的主动控制和动态控制。影响施工进度的主要因素有：

1. 工程建设相关单位的影响。影响建设工程施工进度的单位不只是施工承包单位，只要是与工程建设有关的单位，其工作进度的拖后必将对施工进度产生影响，如政府部门、业主、设计单位、物资供应单位、资金贷款单位等。

2. 承包单位自身管理水平的影响，包括施工技术因素和组织管理因素。施工技术因素包括施工工艺错误、不合理的施工方案和不可靠技术的应用等。组织管理因素包括计划安排不周密，组织协调不力，导致停工待料、相关作业脱节，领导不力，指挥失当等，影响施工进度。

3. 各种原材料、设备等物资供应进度的影响。

4. 自然环境因素，如工程地质条件、水文气象条件、洪水、地震、台风等。

5. 设计变更的影响。

6. 资金因素，如有关方拖欠资金、资金短缺等。

7. 各种风险因素的影响，包括政治、经济、技术及自然等方面的各种可预见或不可预见的因素。

二、施工进度计划的实施与检查

（一）施工进度计划的实施

在施工进度计划实施过程中，为保证各阶段进度目标和总进度目标的顺利实现，应做好以下工作。

1. 施工进度计划应满足工程施工的需要

为进一步实施施工进度计划，施工单位在施工开始前和施工中应及时编制本月（旬）的作业计划，该实施计划在编制时应结合当前的具体施工情况，从而使施工进度计划更具体、更切合实际、更加可行。此外，施工项目的完成需要人员、材料、机具、设备等诸多资源的及时配合。应注意考虑主要资源的优化配置，使其既满足施工要求，又降低施工成本。

2. 实行计划层层交底，按要求签发施工任务书，保证逐层落实

在施工进度计划实施前，根据任务书、进度计划文件的要求进行逐层交底落实，使有关人员明确各项计划的目标、任务、实施方案、预控措施、开始日期、结束日期、有关保证条件、协作配合要求等，使项目管理层和作业层协调一致，保证施工有计划、有步骤、连续均衡地进行。

3. 做好施工记录，掌握现场实际情况

在工程施工过程中，对于施工总进度计划、单位工程施工进度计划、分部工程施工进度计划等各级进度计划都要做好跟踪记录，如实记录每项工作的开始日期、工作进程和完成日期，记录每日完成数量、影响施工进度的因素等，以便为进度计划的检查、分析、调整等提供基础资料。

4. 预测干扰因素，采取预控措施

在项目实施前和实施过程中，应经常根据所掌握的各种数据资料，对可能会导致施工进度计划出现偏差的因素进行预测，并积极采取措施予以规避，保证施工进度计划的正常进行。

（二）施工进度计划的检查

在工程项目实施过程中，施工进度管理人员应定期检查实际进度情况，收集实际进度资料，并进行实际进度与计划进度的对比。主要内容如下：

1. 跟踪检查施工实际进度

进度计划检查按时间可划分为定期检查和不定期检查。定期检查包括按规定的年、季、月、旬、周、日检查。不定期检查指根据需要由检查人确定的专题或专项检查。检查内容应包括工程量的完成情况、工作时间的执行情况、资源使用及与进度的匹配情况、上次检查提出问题的整改情况等内容。检查方式一般采用收集进度报表、定期召开进度工作汇报会或现场实地检查工程进展情况等。

2. 整理统计检查数据

将收集到的实际进度数据进行必要的加工处理，以形成与计划进度具有可比性的数据。例如，对检查时段实际完成工作量的进度数据进行整理、统计和分析，确定本期累计完成的工作量、本期已完成的工作量占计划总工作量的百分比等。

3. 将实际进度数据与计划进度数据进行对比分析

将实际进度数据与计划进度数据进行比较，可以确定建设工程实际执行状况与计划目标之间的差距。通常采用的比较方法有横道图比较法、S曲线比较法、香蕉曲线比较法、前锋线比较法等。通过比较得出实际进度与计划进度相一致、超前和拖后3种情况。

4. 施工项目进度检查结果的处理

对施工进度检查的结果要形成进度报告。进度报告包括进度执行情况的综合描述，实际进度与计划进度的对比资料，进度计划的实施问题及原因分析，进度执行情况对质量、安全和成本等的影响情况，采取的措施和对未来计划进度的预测等内容。

三、施工进度计划的比较方法

施工进度计划的比较主要指施工实际进度与计划进度的对比，通过对比分析，找出二者之间的偏差，以便分析原因，采取措施予以调整。常用的比较方法有横道图比较法、S曲线比较法、香蕉曲线比较法、前锋线比较法等。

（一）横道图比较法

横道图比较法指将项目实施过程中检查实际进度收集到的数据，经加工整理后直接用横道线平行绘制于原计划的横道线处，进行实际进度与计划进度比较的方法。通常，上方的线条表示计划进度，下方的线条表示实际进度。采用横道图比较法，可以形象、直观地反映实际进度与计划进度相比提前或延后的天数。通常情况下，假定每项工作在单位时间内完成的任务量都是相等的，即各项工作的进展速度是均匀的。

（二）S 曲线比较法

S 曲线比较法是以横坐标表示时间，纵坐标表示累计完成任务量，绘制一条按计划时间累计完成任务量的 S 曲线；然后将工程项目实施过程中实际累计完成任务量的 S 曲线也绘制在同一坐标系中，进行实际进度与计划进度比较的一种方法。

由于单位时间完成的任务量一般是开始和结束时较少，中间阶段较多，所以随工程进展累计完成的任务量一般呈 S 形变化，由于其形似英文字母"S"，所以称为 S 曲线。

1.S 曲线绘制步骤

（1）确定施工进度计划及各项工作的时间安排。

（2）根据施工进度计划中各项工作相应时段单位时间内完成的任务量，通过求和，计算出计划单位时间的任务量。

（3）将单位时间完成的任务量累加求和，计算规定时间累计完成的任务量。

（4）根据相应时刻各项工作累计完成总任务量，在坐标系中绘制 S 曲线。

2. 实际进度与计划进度的比较

在工程项目实施过程中，按照规定时间将检查收集到的实际累计完成任务量绘制在原计划 S 曲线图上，即可得到实际进度 S 曲线。

（三）香蕉曲线比较法

对于一个工程项目，根据其计划实施过程中时间与累计完成任务百分比的关系可以用 S 曲线表示。在网络计划中，每项工作的开始时间又分为最早开始时间和最迟开始时间，可以据此分别绘制 S 曲线。以各项工作的最早开始时间安排进度而绘制的曲线，称为 ES 曲线；以各项工作的最迟开始时间安排进度而绘制的曲线，称为 LS 曲线。两条 S 曲线都是从计划的开始时刻开始和完成时刻结束，因此两条曲线是闭合的。其余时刻 ES 曲线上的各点均落在 LS 曲线相应点的左侧，由于该闭合曲线形似"香蕉"，所以称为香蕉曲线。一个科学合理的进度计划 S 曲线应处于香蕉曲线包围的区域之内。

1. 香蕉曲线的绘制方法

香蕉曲线的绘制方法与 S 曲线的绘制方法基本相同，只不过香蕉曲线是按工作最早开始时间安排进度和按工作最迟开始时间安排进度分别绘制的两条 S 曲线组合而成的。其绘制步骤如下：

（1）以网络计划为基础，计算各项工作的最早开始时间和最迟开始时间。

（2）分别按工作最早开始时间和最迟开始时间的进度计划，确定各项工作在各单位时间的计划完成任务量。

（3）分别根据各项工作按最早开始时间和最迟开始时间安排的进度计划，确定工程项目在各单位时间计划完成的任务量之和。

（4）对所有工作在各单位时间计划完成的任务量累加求和，计算工程项目总任务量。

（5）分别根据各项工作按最早开始时间和最迟开始时间安排的进度计划，确定不同时间累计完成的任务量或任务量的百分比。

（6）绘制香蕉曲线。

2. 香蕉曲线比较法的作用

香蕉曲线比较图能直观地反映工程项目的实际进展情况，并可以获得比 S 曲线更多的信息。香蕉曲线比较法的作用主要有：

（1）定期进行工程项目实际进度与计划进度的比较，合理安排工程项目进度计划。根据每次检查收集到的实际完成任务量，绘制实际进度 S 曲线，如果任意时刻工程实际进展点均落在香蕉曲线图的范围之内，则属于理想状态，满足进度计划要求。如果工程实际进展点落在 ES 曲线的左侧，则表明该部分工作实际进度比其按最早开始时间安排的计划进度超前；如果工程实际进展点落在 LS 曲线的右侧，则表明该部分工作实际进度比其按最迟开始时间安排的计划进度拖后。

（2）预测后期工程进展趋势。在绘制已完成的实际 S 曲线的基础上，用香蕉曲线可以对后期工程的进展情况进行预测。

（四）前锋线比较法

前锋线指在原时标网络计划上，从检查时刻的时标点出发，用点画线依次将各项工作实际进展位置点连接而成的折线。前锋线比较法就是通过实际进度前锋线与计划进度中各工作箭线交点的位置来判断工作实际进度与计划进度的偏差，进而判定该偏差对后续工作及总工期影响程度的一种方法。

1. 前锋线比较法的步骤

采用前锋线比较法，其步骤如下：

（1）绘制时标网络计划图。为清楚起见，在时标网络计划图的上方和下方各设一时间坐标。

（2）绘制实际进度前锋线。一般从时标网络计划图上方时间坐标的检查日期开始绘制，依次连接相邻工作的实际进展位置点，最后与时标网络计划图下方坐标的检查日期相连接。

工作实际进展位置点的标定方法有两种：

1）按该工作已完成任务量比例进行标定。假设各项工作均为匀速进展，根据实际进度检查该时刻该工作已完成任务量占其计划完成任务量的比例，在工作箭线上从左至右按比例标定实际进展位置点。

2）按尚需作业时间进行标定。当某些工作的持续时间难以按实物工程量来计算时，则只能根据经验估算出检查时刻到该工作全部完成尚需作业的时间，然后在该工作箭线上从右向左逆向标定实际进展位置点。

（3）进行实际进度与计划进度的比较。若工作实际进展位置点落在检查日期的左侧，则表明该工作实际进度拖后，拖后的时间为二者之差；若工作实际进展位置点与检查日期重合，则表明该工作实际进度与计划进度一致；若工作实际进展位置点落在检查日期的右侧，则表明该工作实际进度超前，超前的时间为二者之差。

（4）预测进度偏差对后续工作及总工期的影响。通过实际进度与计划进度的比较确定出进度偏差，若拖延的进度偏差大于该工作的自由时差，则会影响今后工作的最早开始时间；若拖延的进度偏差大于该工作的总时差，则会影响该进度计划的工期。由此也可以看出，前锋线比较法既适用于工作实际进度与计划进度之间的局部比较，又可用来分析和预测工程项目整体进度状况。

四、施工进度计划的调整

当实际进度偏差影响到后续工作、总工期而需要调整进度计划时，其调整方法主要有两种。一种是改变某些工作间的逻辑关系，另一种是缩短某些工作的持续时间。

（一）改变某些工作间的逻辑关系

当工程项目实施中产生的进度偏差影响到总工期，且有关工作的逻辑关系允许改变时，可以改变关键线路和超过计划工期的非关键线路上的有关工作之间的逻辑关系，达到缩短工期的目的。例如，将顺序进行的工作改为平行作业、搭接作业以及分段组织流水作业等，都可以有效地缩短工期。

对于大型建设工程，由于其单位工程较多且相互间的制约比较小，可调整的幅度比较大，所以容易采用平行作业的方法来调整施工进度计划。而对于单位工程项目，由于受工作之间工艺关系的限制，可调整的幅度比较小，所以通常采用搭接作业的方法来调整施工进度计划。不管是搭接作业还是平行作业，建设工程在单位时间内的资源需求量将会增加。

（二）缩短某些工作的持续时间

该种方法是在不改变工程项目中各项工作之间逻辑关系的基础上，通过采取增加资源投入、提高劳动效率等措施来缩短某些工作的持续时间，这些被压缩持续时间的工作应是位于关键线路或超过计划。

1.调整方法

采用缩短某些工作的持续时间进行施工进度的调整时，通常在网络图上直接进行，一般分为以下 3 种情况：

（1）网络计划中某项工作进度拖延的时间已超过其自由时差但未超过其总时差。在此种情况下，该工作进度的拖延不会影响总工期，只是对其后续工作产生影响。因此，需要首先确定其后续工作允许拖延的时间限制条件，并以此为条件进行调整。

当后续工作拖延的时间无限制条件，则可将拖延后的时间参数带入原计划，绘制出未实施部分的进度计划，即得到调整方案。

如果后续工作不允许拖延或拖延的时间有限制时，需要根据限制条件对网络计划进行调整，寻求最优方案。该种情形下应特别注意当后续工作由多个平行的承包单位负责实施时，后续工作如不能按原计划进行，在时间上产生的任何变化都可能使合同不能正常履行，会引起受损失方的索赔，应尤为慎重。

（2）网络计划中某项工作进度拖延的时间超过其总时差。在此种情况下，无论该工作是否为关键工作，其实际进度都将对后续工作和总工期产生影响。此时，进度计划的调整方法又可分为以下3种情况：

1）如果项目总工期不允许拖延，工程项目必须按照原计划工期完成，则只能采取缩短关键线路上后续工作持续时间的方法来调整进度计划。

2）如果项目总工期允许拖延，则只需以实际数据取代原计划数据，并重新绘制实际进度检查日期之后的网络计划即可。

3）如果项目总工期允许拖延，但允许拖延的时间有限，则应当以总工期的限制时间作为规定工期，对检查日期之后尚未实施的网络计划进行工期优化，即通过缩短关键线路上后续工作持续时间的方法使总工期满足规定工期的要求。

需引起注意的是，上述3种情况均是以总工期为限制条件进行的进度计划调整。除此之外，还应考虑网络计划中后续工作的限制条件。如果后续工作是若干个独立的合同段，则时间上的任何变化，都会影响独立合同段的进度计划，并进而引起索赔。因此，当网络计划中某些后续工作对时间的拖延有限制时，同样需要以此为条件，按前述方法进行调整。

（3）网络计划中某项工作进度超前。在进度计划执行过程中，工作进度的超前也会造成控制目标的失控。例如，会致使资源的需求发生变化，而打乱了原计划对人、财、物等资源的合理安排，从而需进一步调整资金使用计划，如果后期由多个平行的承包单位进行施工，则势必会打乱各承包单位的进度计划，还会引起相应合同条款的调整等。因此，如果实施过程中出现进度超前的情况，进度控制人员必须综合分析进度超前对后续工作产生的影响，提出合理的进度调整方案，确保工期目标顺利实现。

2. 调整措施

具体措施包括：

（1）组织措施。

1）增大工作面，组织更多的施工队伍。

2）增加每天的施工时间，如采用三班制等。

3）增加劳动力和施工机械的数量。

（2）技术措施。

1）改进施工工艺和施工技术，缩短工艺技术间歇时间。

2）采用更先进的施工方法，以减少施工过程的数量。

3）采用更先进的施工机械。

（3）经济措施。

1）实行包干奖励。

2）提高奖金数额。

3）对所采取的技术措施给予相应的经济补偿。

（4）其他配套措施。

1）改善外部配合条件。

2）改善劳动条件。

3）实施强有力的调度等。

一般来说，不管采取哪种措施，都会增加费用。因此，在调整施工进度计划时，应利用费用优化的原理选择费用增加量最小的关键工作作为压缩对象。

第二节　施工质量管理

一、施工质量管理概述

（一）工程质量的特性

工程质量指建设工程满足相关标准规定和合同约定要求的程度。建筑工程质量的特性主要表现在适用性、耐久性、安全性、可靠性、经济性、节能性以及与环境的协调性7个方面。

1. 适用性

适用性指工程满足使用要求所具备的各种性能。主要包括理化性能、结构性能、使用性能和外观性能等。

2. 耐久性

耐久性即寿命，指工程在规定的条件下，满足规定功能要求使用的年限，也就是工程竣工后的合理使用寿命周期。

3. 安全性

安全性指工程建成后在使用过程中保证结构安全、保证人身和环境免受危害的程度。

4. 可靠性

可靠性指工程在规定的时间内和规定的条件下，完成规定功能的能力。工程不仅要求在交工验收时要达到规定的指标，而且在一定的使用时期内要保持应有的正常功能。

5. 经济性

经济性指工程整个寿命周期内的成本和消耗的费用，包括设计成本、施工成本、使用成本三者之和。

6. 节能性

节能性是工程在设计与建造过程及使用过程中满足节能减排、降低能耗的标准和有关要求的程度。

7. 与环境的协调性

与环境的协调性指工程与其周围生态环境协调，与所在地区经济环境协调以及与周围已建工程相协调，以适应可持续发展的要求。

上述 7 个方面的质量特性相互依存、缺一不可。对于不同门类、不同专业的工程，可根据其所处的特定地域环境条件、技术经济条件的差异，有不同的侧重面。

（二）影响工程质量的因素

在工程施工中，影响工程质量的因素很多，主要归纳为人、材料、机械、方法和环境 5 个方面。

1. 人员素质

人是生产经营活动的主体，也是工程项目建设的决策者、管理者、操作者，工程项目建设的全过程都是通过人来完成的。人员的素质、管理水平、技术和操作水平的高低都将最终影响工程实体质量，所以人员素质是影响工程质量的一个重要因素。

2. 工程材料

工程材料指构成工程实体的各类建筑材料、构配件、半成品等，是工程建设的物质条件，是工程质量的基础。工程材料选用是否合理、产品质量是否合格、保管使用是否得当等，都将直接影响工程的结构安全和使用功能。

3. 机械设备

机械设备可以划分为两类：一类是构成工程实体及配套的工艺设备和各类机具，如电梯、采暖、通风设备等，它们构成了工程项目的一部分；另一类是施工过程中使用的各类机具设备，包括大型垂直运输设备、各类施工操作工具、各类测量仪器和计量器具等，施工机具设备产品质量的优劣会直接影响工程的使用功能质量。此外，施工机具设备的类型是否符合工程施工特点，性能是否先进稳定，操作是否方便安全等，都会影响工程项目的质量。

4. 方法

方法指工艺方法、操作方法和施工方案。在工程施工中，施工方案是否合理，施工工艺是否先进，施工方法是否正确，都将对工程质量产生重大影响。积极采用新技术、新工艺、新方法，不断提高工艺技术水平，是保证工程质量稳定提高的重要因素。

5. 环境条件

环境条件是指对工程质量特性起重要作用的环境因素，主要包括以下 4 个方面：

（1）工程技术环境，如工程地质、水文、气象等。

（2）工程作业环境，如施工作业面大小、防护设施、通风照明、通信条件等。

（3）工程管理环境，如工程实施的合同结构与管理关系的确定、组织体制与管理制度等。

（4）周边环境，如工程临近的地下管线、建筑物等。

加强环境管理，把握好技术环境，改进作业条件，辅以必要的措施，是控制环境对质量影响的重要保证。

（三）施工质量控制的工作程序

在工程开工前，施工单位必须做好施工准备工作，待开工条件具备时，应向项目监理机构报送工程开工报审表及相关资料。专业监理工程师审查合格后，由总监理工程师签署审核意见，并报建设单位批准后，总监理工程师签发开工令。

在施工过程中，每道工序完成后，施工单位应进行自检，只有上一道工序被确认质量合格后，才可进行下道工序施工。当隐蔽工程、检验批、分项工程完成后，施工单位应自检合格，填写相应的隐蔽工程或检验批或分项工程报审、报验表，并附有相应工序和部位的工程质量检查记录，报送项目监理机构验收。

施工单位完成分部工程施工，且分部工程所包含的分项工程全部检验合格后，应填写相应分部工程报验表，并附有分部工程质量控制资料，报送项目监理机构验收。

施工单位已完成施工合同所约定的所有工程量，并完成自检工作，工程验收资料已整理完毕，应填报单位工程竣工验收报审表，报送项目监理机构竣工验收。

二、施工企业质量管理体系的建立和运行

质量管理的各项要求是通过质量管理体系实现的。建立完善的质量管理体系并使之有效地运行，是企业质量管理的核心。质量管理体系是在质量方面指挥和控制组织的管理体系，是建立质量方针和质量目标并实现这些目标的相互关联或相互作用的一个要素。施工企业应结合自身特点和质量管理的需要，对质量管理体系中的各项活动进行策划，建立质量管理体系，并在运行过程中遵循持续改进的原则，及时进行检查、分析、改进质量管理的过程和结果。

质量管理体系的建立和运行一般可分为 3 个阶段，即质量管理体系的策划和建立、质量管理体系文件的编制和质量管理体系的实施运行。

（一）质量管理体系的策划和建立

1.质量管理体系的策划

质量管理体系的策划应以有效实施质量方针和实现质量目标为目的，使质量管理体系的建立满足质量管理的需要。通过质量管理活动的策划，明确其目的、职责、步骤和方法。策划的内容包括：

（1）确定质量管理活动、相互关系及活动顺序。

（2）确定质量管理组织机构。

（3）制定质量管理制度。

（4）确定质量管理所需的资源。

2.质量管理体系的建立

质量管理体系的建立是企业根据质量管理8项原则，在确定市场及顾客需求的前提下，制定企业的质量方针、质量目标、质量手册、程序文件和质量记录等体系文件，并将质量

目标落实到相关层次、相关岗位的职能和职责中，形成企业质量管理体系执行系统的一系列工作。

（二）质量管理体系文件的编制

质量管理体系文件是质量管理体系的重要组成部分，也是企业进行质量管理和质量保证的基础。编制质量管理体系文件是建立和保持体系有效运行的重要基础工作。质量管理体系文件包括：质量手册、质量计划、质量管理体系程序、详细作业文件和质量记录。

（三）质量管理体系的实施运行

在质量管理体系运行阶段，施工企业应建立内部质量管理监控检查和考核机制，确保质量管理制度有效执行。施工企业对所有质量管理活动应采取适当的方式进行监督检查，明确监督检查的职责、依据和方法，对其结果进行分析。根据分析结果明确改进目标，采取适当的改进措施，以提高质量管理活动的效率。

1.对过程及其结果进行监视和测量

在质量管理体系运行过程中，应对各项质量活动过程及其结果进行监视和测量，通过对监视和测量所收集的信息进行分析，确定各个过程满足预定目标的程度，并对过程质量进行评价和确定纠正措施。

同时，在质量管理体系运行中，还应针对质量计划和程序文件的执行情况进行监视，针对质量管理体系中的某些关键点跟踪检查，监督其是否按计划要求和有关程序要求实施。

2.组织协调

质量管理体系的运行是依靠体系中组织机构内各个部门和全体员工的共同参与，所以为保证质量管理体系有序、高效地运行，各部门及其人员之间的活动必须协调一致。为此，管理者应做好组织内部和外部的协调工作，建立稳定有序的协调机制，明确责任和权限，实行分层次协调的机制，使组织内部各层次和各部门都能了解规定的质量要求、质量目标和完成情况，对存在的问题和分歧能够取得共识；使组织外部的协作单位和部门也能相互配合、协调活动，建立起积极的协作互利的关系。

3.信息管理

在质量管理体系运行中，通过质量信息的反馈，可以对异常信息进行分析、处理，实施动态控制，使各项质量活动和过程处于受控状态，从而保证质量管理体系的正常运行。为做好信息管理工作，企业应建立公司、分公司、项目部等多级信息系统，并规定相应的工作制度，而且信息系统必须延伸到分包企业或外联劳务队伍的管理工作中。

4.定期进行内部（或外部）审核

审核的目的是确定质量管理体系过程和要素是否符合规定要求，能否实现质量目标，并为质量管理体系的改进提供意见。审核的内容一般包括质量管理体系的组织结构及其相应的职责和权限；有关的管理程序和工作程序；人员、设备和材料；质量管理体系中各阶段的质量活动；有关文件、报告记录。

审核人员应该是与被审核部门的工作无直接关系的人员，以保证审核工作及其结果的公正性。审核人员应具备相应的工作能力，具有有关机关颁发的资格证书。质量管理体系的内审工作是由内审员来完成的，对内审员的管理和监督将直接关系到内审工作的好坏。因此，企业应加强对内审员的监督管理，改进内审员的选择和聘用制度，提高内审员的素质。

三、施工质量控制的内容和方法

施工质量控制是一个由对投入的资源和条件的质量控制，进而对生产过程及各环节质量进行控制，直到对所完成的工程产出品的质量检验与控制为止的全过程的系统控制工程。施工质量控制的划分方式有以下 3 种。

按工程实体质量形成过程的时间阶段可以划分为施工现场准备的质量控制、施工过程的质量控制、竣工验收控制 3 个环节。

按工程实体形成过程中物质形态转化的阶段可以划分为对投入的物质资源质量的控制、施工过程质量控制、对完成的工程产出品质量的控制与验收。

按工程项目施工层次划分。例如，对于建筑工程项目，可以划分为单位工程、分部工程、分项工程、检验批等层次。

以下按工程实体质量形成过程的时间阶段分别介绍质量控制内容。

（一）施工现场准备的质量控制

施工准备工作指在工程项目正式施工之前，从组织、技术、经济、劳动、物资、生活等方面做好施工的各项准备工作，以保证工程的顺利施工。

施工现场准备的质量控制主要包括以下内容：

1. 工程定位及标高基准控制

工程施工测量放线是建设工程产品由设计转化为实体的第一步。施工测量的质量好坏，将直接影响工程产品的质量。因此要求施工单位对建设单位提供的原始基准点、基准线和标高等测量控制点进行复核，并将复测结果报监理工程师审核，经批准后施工单位方能据以建立施工测量控制网，进行测量放线。

2. 施工平面布置的控制

建设单位应按照合同约定并考虑施工单位施工的需要，事先划定并提供施工用地和现场临时设施用地的范围。施工单位应合理规划施工场地，合理安排各种临时设施、材料加工场地、机械设备的位置，保持施工现场的道路畅通、材料的合理堆放、临水临电的合理布置等。合理的施工平面布置不仅有利于工程施工的顺利进行，而且能够进一步减少材料的运距，减少二次搬运，降低施工成本。

3. 工程材料的质量控制

（1）把好采购订货关。凡由承包单位负责采购的原材料、半成品或构配件，在采购订货前应向监理工程师申报。对于重要的材料，还应提交样品，供试验或鉴定，有些材料则要求供货单位提交理化试验单（如预应力钢筋的硫、磷含量等），经监理工程师审查认可后，方可订货采购。

（2）把好进场检验关。对于工程材料，施工单位必须按照规范要求的检验批数量、取样方法、检验指标要求等内容进行抽样检验或试验。例如，水泥物理力学性能检验要求同一生产厂、同一等级、同一品种、同一批号且连续进场的水泥，袋装不超过200t为一检验批，散装不超过500t为一检验批，每批抽样不少于一次。取样应在同一批水泥的不同部位等量采集，取样点不少于20个点，并应具有代表性，且总重量不少于12kg。

（3）把好存储和使用关。施工单位必须加强材料进场后的存储和使用管理，避免材料变质，如水泥受潮结块、钢筋锈蚀等。将变质材料应用于工程将导致结构承载力的下降，引发质量事故。防止使用规格、性能不符合要求的材料造成工程质量事故。施工单位应根据材料的性质、存放周期等做好材料的合理调度，合理安排储存量，合理堆放，并做到正确使用材料。

4. 施工机械设备的质量控制

施工机械设备的质量控制就是要使施工机械设备的类型、性能、参数等与施工现场的实际条件、施工工艺、技术要求等因素相匹配，符合施工生产要求。

机械设备的选型应按照技术上先进、生产上适用、经济上合理、使用上安全、操作上方便的原则进行。主要性能参数的确定必须满足施工需要和保证质量要求。例如，选择起重机进行吊装施工，其起重量、起重高度及起重半径均应满足吊装要求。为正确操作机械设备，实行定机、定人、定岗位职责的使用管理制度，规范机械设备操作规程、例行保养制度等。在施工前，应审查所需的施工机械设备是否已按批准的计划备妥，是否处于完好的可用状态，以确保工程施工质量。

（二）施工过程的质量控制

施工过程的质量控制主要包括以下内容。

1. 工序施工质量控制

施工过程由一系列相互联系与制约的工序构成。工序是人、材料、机械设备、施工方法和环境因素对工程质量综合起作用的过程。对施工过程的质量控制，必须以工序质量控制为基础和核心。工序的特征是工作者、劳动对象、劳动工具和工作地点均不变。例如，钢筋制作施工过程是由平直钢筋、钢筋除锈、切断钢筋、弯曲钢筋等工序组成的。

工序施工质量控制主要包括工序施工条件质量控制和工序施工效果质量控制。工序施工条件质量控制就是控制工序活动的各种投入要素质量和环境条件质量，采用检查、测试、试验、跟踪监督等手段判断是否满足设计质量标准、材料质量标准、机械设备技术性能标准、施工工艺标准以及操作规程等。工序施工效果质量控制就是控制工序产品的质量特性和特性指标达到设计质量标准以及施工质量验收标准的要求。工序施工效果质量控制通过实测获取的数据、统计分析所获取的数据来判断认定质量等级和纠正质量偏差，因此属于事后质量控制。

2. 质量控制点的设置

质量控制点指为了保证作业过程质量而确定的重点控制对象、关键部位或薄弱环节。施工单位在工程施工前应根据施工过程质量控制的要求，列出质量控制点明细表，并详细列出各质量控制点的名称或控制内容、检验标准及方法等，提交监理工程师审查批准，在此基础上实施质量预控。

（1）选择质量控制点的原则。选择质量控制点，主要考虑以下原则：对工程质量产生直接影响的关键部位、关键工序或某一环节、隐蔽工程；施工中的薄弱环节，质量不稳定的工序、部位或对象；对后续工序质量或安全有重大影响的工序、部位或对象；采用新技术、新工艺、新材料的部位或环节；施工上无足够把握的、施工条件困难的或技术难度大的工序或环节。

（2）质量控制点重点控制的对象：

1）人的行为。对某些操作或工序，应以人为重点控制对象，如技术难度大、操作要求高的工序，钢筋焊接、模板支设、复杂设备安装等；对人的身体素质或心理要求较高的作业，如高温、高空作业等。

2）材料的质量与性能。材料是直接影响工程质量和安全的重要因素，应作为控制的重点。

3）施工方法与关键操作。例如，预应力钢筋的张拉操作过程及张拉力的控制，屋架的吊装工艺等应列为控制的重点。

4）施工技术参数。例如，回填土的含水量、压实系数，砌体的砂浆饱满度，混凝土冬期施工的受冻临界强度等参数均应作为重点控制的质量参数与指标。

5）技术间歇。有些工序之间必须留有必要的技术间歇时间。例如，混凝土养护技术间歇应使混凝土达到规定拆模强度后方可拆除，卷材防水屋面须待找平层干燥后才能刷冷底子油。

6）施工顺序。对于某些工序之间必须严格控制先后的施工顺序，如冷拉钢筋应先焊接后冷拉，否则会失去冷拉强化效应。

7）易发生或常见的质量通病。

8）新技术、新工艺、新材料的应用。由于缺乏经验，施工时应将其作为重点进行控制。

9）产品质量不稳定、不合格率较高及易发生质量通病的工序。

10）特殊地基或特种结构。例如，对于湿陷性黄土、膨胀土等特殊土地基的处理，以及大跨度结构、高耸结构等技术难度较大的环节和重要部位，均应予以特别重视。

3. 技术交底

做好技术交底是保证工程施工质量的一项重要措施。项目开工前应由项目技术负责人向承担施工的负责人或分包人进行书面技术交底。每一分项工程开工前均应进行作业技术交底。作业技术交底是对施工组织设计或施工方案的具体化，是工序施工或分项工程施工的具体指导文件。作业技术交底应由施工项目技术人员编制,并经项目技术负责人批准实施。作业技术交底的内容主要包括任务范围、施工方法、质量要求和验收标准,施工过程中需注意的问题,可能出现意外的措施及应急方案,文明施工和安全防护措施以及成品保护要求等。技术交底的形式有书面、口头、会议、挂牌、样板、示范操作等。

4. 承包单位的自检系统

国施工单位是施工质量的直接实施者和责任者。施工单位内部应建立有效的自检系统,主要表现在以下几点:

(1)作业者在作业结束后必须自检。

(2)不同工序交接、转换必须由相关人员交接检查。

(3)承包单位专职质检员的专检。

为保证施工单位自检系统有效,施工单位必须建立完善的管理制度及工作程序,具有相应的试验设备及检测仪器,并配备相应的专职质检人员及试验检测人员。而监理工程师的检查必须在施工单位自检并确认合格的基础上进行,专职质检员没有检查或检查不合格的,不能报监理工程师检查。

(三)工程竣工质量验收

1. 建筑工程质量验收的划分

根据建筑工程施工质量验收统一标准(GB 50300—2013),建筑工程施工质量验收划分为单位工程、分部工程、分项工程和检验批4级。根据工程特点,按结构分解的原则将单位或子单位工程划分为若干个分部工程。在分部工程中,按相近工作内容和系统又划分为若干个子分部工程。每个分部工程或子分部工程又可划分为若干个分项工程。每个分项工程中又可划分为若干个检验批。检验批是工程施工质量验收的最小单位,是分项工程乃至整个建筑工程质量验收的基础。

(1)单位工程的划分。单位工程应按下列原则划分:

1)具备独立施工条件并能形成独立使用功能的建筑物或构筑物为一个单位工程,如一个工厂的一栋办公楼、车间,一所学校的一栋教学楼等。

2)对于规模较大的单位工程,可将其能形成独立使用功能的部分划分为一个子单位工程。子单位工程的划分一般可根据工程的建筑设计分区、使用功能的显著差异、变形缝的位置等因素综合考虑,施工前由建设、监理、施工单位商定划分方案,并据此收集整理施工技术资料和验收。

(2)分部工程的划分。分部工程应按下列原则划分:

1)可按专业性质、工程部位确定。例如,建筑工程划分为地基与基础、主体结构、建筑装饰装修、屋面、建筑给水排水及供暖、通风与空调、建筑电气、智能建筑、建筑节能、电梯10个分部工程。

2)当分部工程较大或较复杂时,可按材料种类、施工特点、施工程序、专业系统及类别将分部工程划分为若干子分部工程。例如，主体结构划分为混凝土结构、砌体结构、钢结构、钢管混凝土结构、型钢混凝土结构、铝合金结构、木结构7个子分部工程。

（3）分项工程的划分。分项工程可按主要工种、材料、施工工艺、设备类别进行划分。如砌体结构子分部工程中，按材料划分为砖砌体、混凝土小型空心砌块砌体、石砌体、配筋砌体和填充墙砌体等分项工程。

（4）检验批的划分。检验批是按相同的生产条件或规定的方式汇总起来供抽样检验用的，由一定数量样本组成的检验体。分项工程可由一个或若干个检验批组成，检验批可根据施工、质量控制和专业验收的需要按工程量、楼层、施工段、变形缝进行划分。

例如，多层及高层建筑的分项工程可按楼层或施工段来划分检验批，单层建筑的分项工程可按变形缝等划分检验批；地基基础的分项工程一般划分为一个检验批，有地下层的基础工程可按不同地下层划分检验批；屋面工程的分项工程可按不同楼层屋面划分为不同的检验批。

施工前，应由施工单位制定分项工程和检验批的划分方案，并由监理单位审核。

2.建筑工程质量验收合格规定

（1）检验批质量验收合格规定。

1）主控项目的质量经抽样检验均应合格。主控项目是对检验批的基本质量起决定性作用的检验项目，是保证工程安全和使用功能的重要检验项目，因此必须全部符合有关专业验收规范的规定。

2）一般项目的质量经抽样检验合格。当采用计数抽样时，合格点率应符合有关专业验收规范的规定，且不得存在严重缺陷。

一般项目指除主控项目以外的检验项目，如在混凝土结构工程施工质量验收规范中规定，一般项目的合格点率应达到80%及以上。各专业工程质量验收规范对各检验批的一般项目的合格质量均给予了明确的规定。对于一般项目，虽然允许存在一定数量的不合格点，但某些不合格点的指标与合格要求偏差较大或存在严重缺陷时，仍将影响施工功能或观感质量，因此对这些部位应进行维修处理。

3）具有完整的施工操作依据、质量验收记录。质量控制资料反映了检验批从原材料到最终验收的各施工工序的操作依据、检查情况以及保证质量所必需的管理制度等。对质量控制资料完整性的检查，实际是对过程控制的确认，这是检验批质量验收合格的前提。

（2）分项工程质量验收合格规定。

1）所含检验批的质量均应验收合格。

2）所含检验批的质量验收记录应完整。

分项工程的验收在检验批质量验收合格的基础上进行。一般情况下，两者具有相同或相近的性质，只是批量的大小不同而已。因此，将有关的检验批汇集构成分项工程即可，该层次验收属于汇总性验收。

（3）分部工程质量验收合格规定。

1）所含分项工程的质量均应验收合格。

2）质量控制资料应完整。

3）有关安全、节能、环境保护和主要使用功能的抽样检验结果应符合相应规定。

4）观感质量应符合要求。

分部工程的验收是以所含各分项工程验收为基础进行的。首先，组成分部工程的各分项工程已验收合格且相应的质量控制资料齐全、完整。其次，分部工程验收必须进行以下两类检查：一类是使用功能检验，涉及安全、节能、环境保护和主要使用功能的地基与基础、主体结构、设备安装、建筑节能等分部工程应进行有关的见证检验或抽样检验；另一类是观感质量检查验收，即以观察、触摸或简单量测的方式进行观感质量验收，并由验收入根据经验判断，给出"好""一般""差"的质量评价，对于"差"的检查点应进行返修处理。

（4）单位工程质量验收合格规定。

1）所含分部工程的质量均应验收合格。

2）质量控制资料应完整。

3）所含分部工程中有关安全、节能、环境保护和主要使用功能的检验资料应完整。

4）主要使用功能的抽查结果应符合相关专业验收规范的规定。

5）观感质量应符合要求。

单位工程质量验收也称为质量竣工验收，是建筑工程投入使用前的最后一次验收，也是最重要的一次验收。参建各方责任主体和有关单位及人员，应加以重视，认真做好单位工程质量竣工验收，把好工程质量关。

所含分部工程的质量验收合格和质量控制资料完整，属于汇总性验收的内容。在此基础上，对涉及安全、节能、环境保护和主要使用功能的分部工程的检验资料应复查合格。资料复查不仅要全面检查其完整性，不得有漏检缺项，而且对分部工程验收时的见证抽样检验报告也要进行复核，这体现了对安全和主要使用功能的重视。

对主要使用功能的检查是对建筑工程和设备安装工程最终质量的综合检验，体现了过程控制的原则，该项检查的实施减少了工程投入使用后的质量投诉和纠纷。抽检项目是在检查资料文件的基础上由参加验收的各方人员商定，并用计量、计数的方法抽样检验，检验结果应符合有关专业工程施工质量验收规范的要求。

观感质量验收不单纯是对工程外表质量进行检查，同时也是对部分使用功能和使用安全所做的一次全面检查。例如，门窗启闭是否灵活、关闭后是否严密；顶棚、墙面抹灰是否空鼓等。涉及使用的安全，在检查时应加以关注。

第三节　施工成本管理

一、施工成本管理概述

（一）施工成本的概念

施工成本指在建设工程项目施工过程中所发生的全部生产费用的总和，包括所消耗的原材料、辅助材料、构配件的费用，周转材料的摊销费或租赁费，施工机械的使用费或租赁费，支付给生产工人的工资、奖金、补贴津贴等，以及进行施工组织与管理发生的全部费用支出。

施工成本在很大程度上反映出企业各方面活动的经济效果。例如，劳动生产率的高低、材料物资消耗的多少、设备利用的好坏、资金周转的快慢等，都能够在成本上反映出来。建筑企业应编制成本计划，有计划地降低生产消耗，定期分析、考核，使企业不断降低成本，增加盈利。

（二）施工成本的分类

为实施施工成本管理，可以从不同角度将成本划分为不同的成本形式。施工成本主要有以下几种划分形式：

1. 按照成本控制要求划分

（1）预算成本。预算成本是以国家或地区的预算定额或企业定额及取费标准为基础计算的社会平均成本或企业平均成本，是以施工图预算为基础进行分析、预测和计算确定的。预算成本反映的是该地区或该企业的平均成本水平，是确定工程造价的基础，也是编制计划成本和评价实际成本的依据。

（2）计划成本。计划成本，也称为目标成本，是在预算成本的基础上，根据企业自身的要求，结合施工项目的技术特征、自然地理特征、劳动力素质、设备情况等确定的标准成本。计划成本对于加强施工企业和项目经理部的经济核算，建立和健全施工项目成本管理责任制，降低施工项目成本具有重要作用。

（3）实际成本。实际成本是工程项目在施工过程中实际发生的可以列入成本支出的各项费用的总和，是工程项目施工活动中劳动耗费的综合反映。将实际成本与计划成本比较，可以反映成本的节约和超支，考核企业施工技术与组织管理水平及企业经营效果。通过实际成本与预算成本的比较，可以反映工程盈亏情况。

2. 按生产费用与工程量的关系划分

（1）固定成本。固定成本指在一定期间和一定的工程量范围内，发生的成本额不受工程量增减变动的影响而相对固定的成本，如折旧费、大修理费、管理人员工资、办公费等。所谓固定，指其总额而言，对于分配到每个项目单位工程量上的固定成本，与工程量的增减成反比例关系。

（2）变动成本。变动成本指发生总额随着工程量的增减而成正比例变动的费用，如直接用于工程的材料费、人工费等。所谓变动，是就其总额而言，对于单位分项工程上的成本往往是不变的。

3.按成本项目的构成划分

按费用构成要素划分，企业施工成本主要包括：

（1）人工费。人工费指支付给从事建筑安装工程施工的生产工人和附属生产单位工人的各项费用。它包括计时或计件工资、奖金、津贴补贴、加班加点工资和特殊情况下支付的工资。

（2）材料费。材料费指施工过程中耗费的原材料、辅助材料、构配件、零件、半成品或成品、工程设备的费用。它包括材料原价、运杂费、运输损耗费及采购和保管费。

（3）施工机具使用费。施工机具使用费指施工作业所发生的施工机械、仪器仪表使用费或租赁费，包括施工机械使用费和仪器仪表使用费。其中，施工机械使用费由折旧费、大修理费、经常修理费、安拆费及场外运费、人工费、燃料动力费、按照国家规定应缴纳的车船使用税、保险费及年检费等费用组成。

（4）企业管理费。企业管理费指建筑安装企业组织施工生产和经营管理所需的费用。它包括管理人员工资、办公费、差旅交通费、固定资产使用费、工具用具使用费、劳动保险和职工福利费、劳动保护费、检验试验费、工会经费、职工教育经费、财产保险费、财务费、税金等。

（5）规费。规费指按国家法律、法规规定，由省级政府和省级有关权力部门规定必须缴纳或计取的费用。它包括社会保险费、住房公积金、工程排污费。其中，社会保险费由养老保险费、失业保险费、医疗保险费、生育保险费和工伤保险费5个部分组成。

根据建筑产品成本运行规律，成本管理责任体系包括组织管理层和项目管理层，项目管理层的施工成本主要包括生产成本，组织管理层的成本除生产成本外，还包括经营管理费用。

施工成本管理的任务主要包括施工成本预测、编制施工成本计划、施工成本控制、施工成本核算、施工成本分析和施工成本考核。

二、施工成本预测与计划

施工成本预测是根据成本信息和施工项目的具体情况，在工程施工前对未来的成本水平及其可能发展趋势做出科学的估计。通过成本预测，可以在满足业主和本企业要求的前提下，选择效益高、成本低的最佳方案，并能够在工程项目实施过程中，针对薄弱环节，加强成本控制，进一步提高预见性。

（一）施工成本预测的程序

1. 制订成本预测计划

制订成本预测计划主要包括确定预测对象和目标、组织领导及工作布置、有关部门提供的配合、时间进程安排、搜集材料的范围等。如果在预测过程中发现新情况或计划有缺陷，则可修订预测计划，以保证预测工作的顺利进行并获得较好的预测质量。

2. 环境调查

环境调查主要是了解本行业各种类型工程的成本水平，本企业在各地区、各类型工程项目的成本水平和目标利润情况，劳务、建筑材料、设备租赁等供应情况和市场价格及其变化趋势。此外，还包括国内外新技术、新工艺、新材料等采用的可能性及其对成本的影响程度等内容。

3. 收集整理成本预测资料

相关的成本预测资料可以划分为两类：一类是纵向数据资料，如施工企业各类材料、机械设备、工时的消耗量及单价的历年动态资料，历史上同类项目的成本资料等，据以分析发展趋势；另一类是横向数据资料，如近期同类施工项目的成本资料，项目所在地的成本水平等，据以分析预测项目与同类项目的差异。

在收集资料的过程中，应随时注意分析资料的可靠性和完整性，对资料进行鉴别和整理，这是保证成本预测质量的基础。

4. 选择成本预测方法

（1）近似预测法。成本近似预测方法分为定性预测和定量预测两类。定性预测方法主要有德尔菲法、主观概率法和专家会议法等，是在数据资料不足或难以定量描述时，依靠个人经验和主观判断，进行推断预测。定量预测方法主要有两类：一类是时间序列预测法，时间序列预测法又可以划分为简单平均法、加权平均法、移动平均法和指数平均法等，即通过对时间序列进行加工、整理和分析，利用数列所反映出来的发展趋势和发展速度，进行外推和延伸，用以预测今后可能达到的水平：另一类是回归预测法，即通过分析预测值与其影响因素的历史数据，找出相互之间的关系，作为预测未来值的依据。

（2）详细预测法，即以近期内的类似工程成本为基数，考虑建筑与结构上的差异，通过修正人工费、材料费、机械使用费、其他直接成本和间接成本来预测当前施工项目的成本。

5. 进行成本预测

通过对影响施工项目成本的因素，如物价变化、劳动生产率、物料消耗、间接费用等进行详细预测，根据市场行情、近期其他工程实施情况等，推测影响施工项目水平的因素、影响程度，确定施工项目的预测成本。

6. 分析、评价预测结果，提出预测报告

通过专业人员、技术人员的检查来判断预测结果是否合理，是否存在较大偏差，也可

以通过其他预测方法进行验证，通过采用多种预测方法对同一对象进行预测，以充分进行预测分析、判断，最终确定目标成本。

（二）施工成本计划

施工成本计划是以货币形式编制施工项目在计划期内的生产费用、成本水平、成本降低率以及为降低成本所采取的主要措施的方案。施工成本计划应在优化施工方案、合理配置生产要素、进行工料机消耗分析、制订节约成本和挖潜措施的基础上确定。同时，通过成本计划把目标层层分解，落实到施工过程和每个环节，以调动全员的积极性，有效地进行成本控制。

由公司经营或预算部门负责标价分离的测算工作，在既定的施工环境和市场条件下，根据企业现有的生产力水平、管理特点，按企业费用支出标准，计算项目部为完成工程合同约定而支出的各项费用总和（或项目部为完成所签订的项目管理目标责任书的预计支出），即项目责任成本。它不包含企业经营效益、企业管理效益、政府规费、税金、企业管理成本、企业管理风险、市场风险和合同外的资金风险。据此，公司与项目部签订《工程项目管理目标责任书》，在此基础上，项目部根据标价分离的结果和目标责任书，以成本计划为主线编制具体指导项目施工的《项目部实施计划书》。在工程项目实施过程中，公司以成本计划为依据进行监控与考核。

项目施工成本计划的编制步骤主要包括：

1.项目部按照项目的承包目标，确定项目施工成本控制目标和降低成本控制目标。

2.对项目施工成本控制目标和降低成本控制目标按分部分项工程进行分解，确定各分部分项工程的成本目标。

3.按分部分项工程的目标成本实行项目施工内部成本承包，确定各分包方的成本承包责任。

4.由项目部组织各承包队确定降低成本技术、组织措施，计算其降低成本值，编制降低成本计划。

5.编制降低成本技术、组织措施计划表、降低成本计划表和项目施工成本计划表。

三、施工成本控制

施工成本控制指在施工过程中，对影响施工成本的各种因素加以管理，并采取各种有效措施，将施工中实际发生的各种消耗和支出严格控制在成本计划范围内，严格审查各项费用是否符合标准，计算实际成本和计划成本之间的差异并进行分析，进而采取措施消除施工中的损失浪费现象。

（一）施工成本控制的步骤

在确定施工项目成本计划之后，必须定期进行施工项目成本计划值与实际值的比较，如有偏差，及时分析其原因，采取适当的纠偏措施，以确保实现施工项目成本控制目标。

施工项目成本控制的步骤如下：

1. 将施工项目成本计划值与实际值逐项进行比较，判断施工项目成本是否出现超支。

2. 对比较结果进行分析，确定发生偏差的程度并分析产生偏差的原因。

3. 按照完成情况预测完成整个施工项目所需的总费用。

4. 若工程项目的实际施工项目成本出现偏差，应当根据工程的具体情况、偏差分析和预测的结果，采取适当的措施予以纠偏，以期达到尽可能减小施工项目成本偏差的目的。

5. 对工程的进展进行跟踪和检查，及时了解工程进展状况及纠偏措施的执行情况和效果。

（二）施工成本控制方法

1. 人工费的控制

人工费的控制实行"量价分离"的方法，将作业用工及零星用工按定额工日的一定比例综合确定用工数量与单价，通过劳务合同进行控制。项目部与作业队签订劳务合同时，可预留一部分人工费用于定额外人工费和关键工序的奖励，既避免了人工费超支，又可有效地进行管理。

2. 材料费的控制

材料费的控制包括控制材料用量和材料价格两个方面。

（1）材料用量的控制。对于有消耗定额的材料，以材料消耗定额为依据，实行限额领料制度。在规定限额内分期分批领用，超过限额的材料，必须先查明原因，办理审批手续后方可领料。

对于没有消耗定额的材料，实行计划管理和指标控制相结合的办法。根据以往项目的实际耗用情况，并结合本项目的具体内容和要求，制订领用材料指标，据以控制发料。超过指标的材料，必须办理审批手续方可领用。

（2）材料价格的控制。材料价格主要由材料采购部门控制。材料价格由材料原价、运杂费、运输损耗费和采保费组成，主要是通过掌握市场信息，应用招标和询价等方式控制材料、设备的采购价格。

3. 施工机械使用费的控制

施工机械使用费主要由台班数量和台班单价两个方面决定。为有效减少施工机械使用费，应合理安排施工生产，加强设备租赁计划管理，减少因安排不当引起的设备闲置。加强机械设备的调度工作，尽量避免窝工，提高现场设备利用率。做好机上人员与辅助生产人员的协调与配合，提高施工机械台班产量。加强现场设备的维修保养，避免由于不正确使用而造成机械设备的停置。

4. 施工分包费用的控制

分包工程价格的高低，必然对施工项目成本产生一定的影响。对分包费用的控制，主要是要做好分包工程的询价、订立平等互利的分包合同，建立稳定的分包关系网络、加强施工验收和分包结算等工作。

（三）施工成本控制措施

1.组织措施

应明确工程项目成本控制人员，项目成本控制人员是建筑企业项目部的成员，他们从投标估算开始，直至工程合同终止的全部过程中，对成本控制工作负责。成本控制人员的工作与投标估算、工程合同、施工方案、施工计划、材料和设备供应、财务等方面工作有关，应由既懂经济又懂技术的工程师担任。此外，还应明确工程项目的管理组织对项目成本控制职能的分工，以保证对项目成本的控制。

2.技术措施

在施工准备阶段，对多种施工方案进行技术经济比较，然后确定有利于缩短工期、提高质量、降低成本的最佳方案。在施工过程中，研究、确定、执行各种降低消耗、提高工效的新工艺、新技术、新材料等降低成本的技术措施。在竣工验收阶段，注意保护成品，缩短验收时间，提高交付使用效率。

3.经济措施

关键是抓计划成本，并按期贯彻执行，不断地将项目预算成本与实际成本进行比较分析，将实际成本控制在预算成本之内。

四、施工成本核算

施工成本核算指项目施工过程中所发生的各项费用和形成项目施工成本的核算。施工成本核算包括两个基本环节：一是按照规定的成本开支范围对施工费用进行归集和分配，计算出施工费用的实际发生额；二是根据成本核算对象，采用适当的方法，计算该项目施工的总成本和单位成本。

（一）施工成本核算的任务

1.执行国家有关成本开支范围、费用开支标准、工程预算定额、企业施工预算和成本计划的有关规定，控制费用，促使项目合理，节约地使用人力、物力和财力。

2.正确、及时地核算施工过程中发生的各项费用，计算施工项目的实际成本。

3.反映和监督工程项目成本计划的完成情况，为项目成本预测以及参与施工项目生产、技术和经营决策提供可靠的成本报告和有关资料，促使项目改善经营管理，降低成本，提高经济效益。

（二）施工成本核算方法

项目施工实际成本是由人工费、材料费、施工机具使用费、措施费和企业管理费构成的。

1.人工费核算

人工费指支付给从事建筑安装工程施工的生产工人的各项费用。人工费的核算方法应根据企业实行的具体工资制度而定。采用计件工资制度的，应根据工程任务单计算并计入各个成本核算对象"人工费"项目；采用计时工资制度的，计入成本的工资一般是按照当月工资总额和工人总的出勤工日计算的日平均工资及各工程当月实际用工数计算分配的。

2. 材料费核算

材料费指施工过程中耗费的原材料、辅助材料、构配件、零件、半成品或成品、工程设备的费用。由于建筑安装工程耗用的材料品种多、数量大、领用次数频繁，在核算工程材料费时，应区别不同材料，根据不同的情况采取不同的方法进行汇集和分配。

（1）凡领用时能够点清数量、分清用料对象的，应在领料单上填明受益成本核算对象的名称，财会部门据以直接汇入受益成本核算对象成本的"材料费"项目。

（2）领用时虽能点清数量，但属于集中配料或统一下料的，如油漆、玻璃等，则应在领料单上注明"集中配料"字样，月末由材料部门会同领料班组，根据配料情况结合材料消耗定额编制"集中配料耗用计算单"，据以分配计入各受益成本核算对象。

（3）既不易点清数量又难分清成本对象的材料，如砂、石等材料，可根据具体情况，先由材料员或施工生产班组保管，月末进行实地盘点，并根据"月初结存量＋本月收入量－月末盘点结存量＝本月耗用量"的计算公式确定本月实际耗用总量。然后根据各工程成本对象所完成的实物工程量及材料消耗定额，编制"大堆材料耗用计算单"，据以分配计入有关成本核算对象。

（4）周转使用的模板、脚手架等周转材料，如属于企业自有材料，可按各工程成本核算对象实际领用数量及规定的摊销方法编制"周转材料摊销计算单"，确定各工程成本核算对象应摊销费用数额。对周转材料实行内部租赁或外部租赁的工程，应按实际支付的租赁费直接计入受益成本核算对象。

工程竣工后的剩余材料应填制"退料单"，或者用红字填制"领料单"，据以办理材料退库手续。

3. 施工机具使用费核算

施工机具使用费指施工作业所发生的施工机械、仪器仪表使用费或租赁费，包括施工机械使用费和仪器仪表使用费两个部分。分租入机械和自有机械两种情形：

（1）租入机械费用的核算。对于租入机械的费用，一般根据"机械租赁费结算账单"所列金额，直接计入成本核算对象"机械使用费"成本项目。如果发生的租赁费由两个或两个以上成本核算对象共同负担，则应根据所支付的租赁费总额和各成本核算对象实际使用台班数予以分配。

（2）自有机械费用的核算。自有机械费用的核算主要有以下3种：

1）台班分配法：按各成本核算对象使用施工机械的台班数进行分配。台班分配法适用于按单机或机组进行成本核算的施工机械。

2）预算分配法：按实际发生的机械费用占预算定额规定的机械使用费的比例进行分配。预算分配法适用于不便计算机械使用台班、无机械台班和台班单价预算定额的中小型机械使用费，如几个成本核算对象共同使用的混凝土搅拌机的费用核算。

3）作业量分配法：以各种机械所完成的作业量为基础进行分配。作业量分配法适用于能计算完成作业量的单台或某类机械。

4. 措施费的核算

措施费一般都可分清受益对象。发生时可以直接计入受益成本核算对象的成本。例如，工具用具使用费与临时设施摊销费等可按使用工具用具与临时设施的工地，直接计入各成本核算对象。

5. 企业管理费的核算

企业管理费指企业各施工单位，如工程处、施工队、工区等为组织和管理施工生产活动所发生的支出。企业管理费从其费用性质看属于企业的制造成本，应计入有关工程成本。由于在实际工作中一个工区或工程处往往同时从事多个工程项目的建设，有若干成本核算对象，所以企业管理费不能由某一个成本核算对象负担，而应采取一定的分配方法，将其分配计入各工程成本。

五、施工成本分析

施工成本分析指在施工成本核算的基础上，检查成本计划的合理性，对成本的形成过程和影响成本升降的因素进行分析，寻找降低施工项目成本的途径，以便有效进行成本控制。常用的施工成本分析的方法包括比较法、因素分析法、差额计算法和比率法等。

1. 比较法

比较法又称为指标对比分析法。就是通过技术经济指标的对比，检查计划的完成情况，分析产生差异的原因，进而找出解决问题的方法。这种方法通俗易懂、简单易行、便于掌握，得到了广泛的应用。常见的比较形式有：实际指标与计划指标对比、本期实际指标与上期实际指标对比、项目实际成本与本行业先进水平对比。

2. 因素分析法

因素分析法又称为连环置换法，这种方法可用来分析各种因素对成本的影响程度。在进行分析时，首先要假定众多因素中某一个因素发生了变化而其他因素不变，然后逐个替换，并分别比较其计算结果，以确定各个因素的变化对成本的影响程度。因素分析法的计算步骤如下：

（1）确定分析对象，并计算实际数与计划数的差异。

（2）确定该指标是由哪几个因素组成的，并按先实物量、后价值量，先绝对值、后相对值的规则进行排序。

（3）以计划数为基础，将各因素的计划数相乘，作为分析替代的基数。

（4）将各个因素的实际数按照上面的排列顺序进行替换计算，并将替换后的实际数保留下来。

（5）将每次替换计算所得的结果与前十次的计算结果比较，两者的差异即为该因素对成本的影响程度。

（6）各个因素的影响程度之和，应与分析对象的总差异相等。

3. 差额计算法

差额计算法是因素分析法的一种简化形式，利用各个因素的目标值与实际值的差额来计算其对成本的影响程度。

4. 比率法

比率法指利用两个以上的指标的比例进行分析的方法。该方法把分析对比的数值变成相对数，观察其相互之间的关系及动态变化状况。常用的比率法有以下几种：

（1）相关比率法。相关比率法是将两个性质不同但相关的指标加以对比，求出比率，以此考察经营效果的好坏。

用成本利润率来考察成本费用与利润的关系，用产值工资率来考核人工费的支出水平。

（2）构成比率法。构成比率法又称为比重分析法或结构对比分析法。通过构成比率，考察成本总量的构成情况及各成本项目占成本总量的比重，可从中找出构成总体的重点，从而为寻求降低成本的途径指明方向。例如，通过分析项目总成本中人工费、材料费、机械费、企业管理费等各项费用的比例关系，进一步寻找降低成本的有效途径。

（3）动态比率法。动态比率法是将不同时期的数值进行对比，求出比率，以分析该指标的发展方向和发展速度，观察其变化趋势。动态比率法又分基期指数和环比指数两种方法。基期指数指各个时期指数都是采用同一固定时期为基期计算的。环比指数指以前一时期为基期计算的指数。

六、施工成本考核

施工成本考核指在施工过程中和项目竣工时对施工项目成本形成中的各责任者，按施工项目成本目标责任制的有关规定，将成本的实际指标与预算成本、计划成本进行比较和考核，评定施工项目成本计划的完成情况和各责任者的业绩，并以此给予相应的奖励和处罚，以有效调动员工的积极性。

项目施工成本考核一般可划分为两个层次：一是企业对项目部的考核；二是项目部内部考核。具体施工成本考核内容如下：

1. 企业对项目部成本考核的内容

（1）检查项目部的项目成本计划编制和落实情况。

（2）检查、考核项目成本计划的完成情况。为了完成或超额完成项目成本计划，企业应经常地和定期地进行检查和考核，特别是一个施工项目竣工时，应组织力量全面分析，考核各项成本指标的完成情况，即将项目施工的实际成本与预算成本、计划成本进行对比分析，按照成本项目逐项检查分析，查明成本节超原因。

（3）检查考核成本责任制的执行情况。企业应根据成本管理责任制规定，检查项目部是否认真贯彻执行成本管理责任制。特别是对工程结算、资金使用、技术方案执行、材料消耗、分包支出情况等方面进行检查。对于通过严格管理提高项目收益率的，应给予奖励。如果发现有违反国家、企业有关规定的，应严肃处理。

2. 项目部内部施工成本考核内容

检查、考核施工项目的各个分项工程施工成本降低率是否符合计划，并考核整个项目成本降低额和降低率是否符合计划。项目部内部施工成本考核的重点是分包成本、物资消耗成本、周转材料摊销（或租赁）成本、临建投入成本，对照项目部的成本计划进行检查，检查各项内容以及整个工程项目的成本降低额和成本降低率是否符合计划。

第四节　施工安全管理、文明施工与环境管理

一、施工安全管理、文明施工与环境管理概述

施工安全管理就是在生产活动中组织安全生产的全部管理活动，通过对生产因素具体状态的控制，使生产因素中的不安全行为和状态减少或消除，避免事故的发生，以保证生产活动中人员的健康和安全。

文明施工指保持施工现场良好的作业环境、卫生环境和工作秩序。文明施工主要包括规范施工现场的场容，保持作业环境的整洁卫生；科学组织施工，使生产有序进行；减少施工对周围居民和环境的影响；保证职工的安全和身体健康等内容。

环境管理就是在生产活动中通过对环境因素的管理活动，使环境不受到污染，使资源得到节约。

施工安全管理、文明施工与环境管理是施工项目管理的重要任务，建筑企业应建立健全施工现场安全生产、文明施工与环境的组织管理体系，采取有效措施控制施工安全、文明施工及环境影响因素。

二、施工安全管理

（一）建筑工程施工的主要危险源

建筑工程施工的主要危险源指常见的安全事故，包括高处坠落、物体打击、触电、机械伤害和施工坍塌。

1. 高处坠落

高处坠落主要指从"四口""五临边"（"四口"是指楼梯口、电梯口、预留洞口、通道口；"五临边"是指沟、坑、槽和深基础周边，楼层周边，楼梯侧边，平台或阳台边，

屋面周边）坠落；脚手架上坠落；塔吊、物料提升机（井字架、龙门架）在安装、拆除过程中坠落；模板安装、拆除时坠落；结构和设备吊装时坠落等。

2. 物体打击

物体打击指同一垂直作业面的交叉作业中或通道口处坠落物体的打击。

3. 触电

触电主要指碰触缺少防护的外电线路造成触电；使用各种电器设备触电；电线老化、破皮，有无开关箱等触电。

4. 机械伤害

机械伤害指各种机械、吊装设备等对施工人员造成的伤害。

5. 施工坍塌

施工坍塌主要指基坑边坡失稳引起塌方；现浇混凝土梁、模板支撑失稳倒塌；施工现场的围墙及在建工程屋面板质量低劣塌落；拆除工程中的坍塌等。

（二）施工安全保证体系

施工安全管理的工作目标主要指避免或减少一般安全事故和轻伤事故，杜绝重大、特大安全事故和伤亡事故的发生，最大限度地确保施工中劳动者的人身和财产安全。要达到施工安全管理的工作目标，关键是需要安全管理和安全技术来保证。

施工安全保证体系主要由组织保证体系、制度保证体系、技术保证体系、投入保证体系和信息保证体系 5 个部分组成。

1. 施工安全的组织保证体系

施工安全的组织保证体系一般包括最高权力机构，专职管理机构和专、兼职安全管理人员的配备。企业应建立健全企业层次和项目层次两级安全生产管理机构。公司应设置以法定代表人为第一责任人的安全生产管理机构，并根据企业的施工规模及职工人数配备专职安全管理人员。项目部应根据工程特点和规模，建立以项目经理为第一责任人的安全管理领导小组，成员由项目经理、技术负责人、专职安全员、施工员及各工种班组长组成。施工班组要设置不脱产的兼职安全员，协助班组长做好班组的安全生产管理工作。

2. 施工安全的制度保证体系

施工安全的制度保证体系是为贯彻执行安全生产法律、法规和各项安全技术措施，确保施工安全而提供的制度支持与保证体系，从根本上改善施工企业安全生产规章制度不健全、管理方法不适当、安全生产状况不佳的现状。

现阶段施工企业安全生产管理制度主要包括：

（1）安全生产责任制度。

（2）安全生产许可证制度。

（3）政府安全生产监督检查制度。

（4）安全生产教育培训制度。

（5）安全措施计划制度。

（6）特种作业人员持证上岗制度。

（7）专项施工方案专家论证制度。

（8）严重危及施工安全的工艺、设备、材料淘汰制度。

（9）施工起重机械使用登记制度。

（10）安全检查制度。

（11）生产安全事故报告和调查处理制度。

（12）"三同时"（所谓"三同时"，即建设项目的安全设施必须与主体工程同时设计、同时施工、同时投入生产和使用）制度。

（13）安全预评价制度。

（14）工伤和意外伤害保险制度。

3. 施工安全的技术保证体系

施工安全的技术保证是指为了达到工程施工的作业环境和条件安全、施工技术安全、施工状态安全、施工行为安全以及安全生产管理到位等方面的要求而提供的安全技术保证，以确保在施工中准确判断安全的可靠性，对避免出现危险状况、事态做出限制和控制规定，对施工安全保险与排险措施给予规定以及对施工生产给予安全保证。

（1）施工安全技术措施。施工安全技术措施是具体安排和指导工程安全施工的安全管理与技术文件，是工程施工中安全生产的指令性文件，是施工组织设计的重要组成部分。建筑施工企业在编制施工组织设计时，应针对不同的施工方法和施工工艺制订相应的安全技术措施。施工安全技术措施主要包括以下内容：

1）进入施工现场的安全规定。

2）地面及深基坑作业的防护。

3）高处及立体交叉作业的防护。

4）施工用电安全。

5）施工机械设备的安全使用。

6）在采用新技术、新工艺、新设备、新材料时，有针对性的专门安全技术措施。

7）针对自然灾害预防的安全技术措施。

8）预防有毒、有害、易燃、易爆等作业造成危害的安全技术措施。

9）现场消防措施。

对危险性较大的分部分项工程，如基坑支护与降水工程、土方开挖工程、模板工程、起重吊装工程、脚手架工程、拆除、爆破工程等，应编制专项施工方案，并附具安全验算结果，经施工单位技术负责人、总监理工程师签字后实施，由专职安全生产管理人员进行现场监督。

（2）安全技术交底。施工安全技术交底是在施工前，项目部技术人员向施工班组、作业人员进行有关工程安全施工的详细说明。工程项目必须实行逐级安全技术交底制度。

安全技术交底必须具体、明确、针对性强。各级安全技术交底必须有交底时间、内容、交底人和被交底人签字。交底内容必须针对分部分项工程施工中给作业人员带来的潜在危险因素进行编写。安全技术交底的主要内容包括：

1）本工程项目施工作业的特点和危险点。

2）针对危险点的具体预防措施。

3）应注意的安全事项。

4）相应的安全操作规程和标准。

5）发生事故后应采取的应急措施。

4. 施工安全投入保证体系

施工安全投入保证体系是确保施工安全有与其要求相适应的人力、物力和财力投入，并发挥其投入效果的保证体系。建立安全投入保证体系是安全资金支付、安全投入有效发挥作用的重要保证。安全作业环境及安全施工措施所需费用主要用于施工安全防护用具及设施的采购和更新、安全施工措施的落实、安全生产条件的改善。

5. 施工安全信息保证体系

施工安全工作中的信息主要有文件信息、标准信息、管理信息、技术信息、安全施工状况信息及事故信息等，这些信息对于企业做好安全施工工作具有重要的指导和参考作用。因此，企业应把这些信息作为安全施工的基础资料保存，建立施工安全的信息保证体系，以便为施工安全工作提供有力的安全信息支持。

（三）安全生产责任制

安全生产责任制是根据"管生产必须管安全""安全生产，人人有责"的原则，明确规定各级领导、各职能部门和各类人员在生产活动中应负的安全职责。凡是与生产全过程有关的部门和人员，都对保证生产安全负有与其参与情况和工作要求相应的责任。安全生产责任制是以企业法人代表为责任核心的安全生产管理制度。安全生产责任制纵向是从最高管理者、管理者代表到项目经理、技术负责人、专职安全生产管理人员、施工员、班组长和岗位人员等各级人员的安全生产责任制：横向是各个部门（如安全环保、设备、技术、生产、财务等部门）的安全生产责任制。

建筑企业应根据国家有关法律法规和规章制度要求，结合本单位情况，制定安全生产责任制度，使企业的安全生产工作岗位明确、职责清楚，把安全生产工作落到实处。

安全生产责任制的主要内容如下：

1. 施工单位主要负责人依法对本单位的安全生产工作全面负责。施工单位应当建立健全安全生产责任制度和安全生产教育培训制度，制定安全生产规章制度和操作规程，保证本单位安全生产条件所需资金的投入，对所承担的建设工程进行定期和专项安全检查，并做好安全检查记录。

2. 施工单位的项目负责人应当由取得相应执业资格的人员担任，对建设工程项目的安全施工负责，落实安全生产责任制度、安全生产规章制度和操作规程，确保安全生产费用的有效使用，并根据工程的特点组织制订安全施工措施，消除安全事故隐患，及时、如实报告生产安全事故。

3. 专职安全生产管理人员负责对安全生产进行现场监督检查。发现安全事故隐患，应当及时向项目负责人和安全生产管理机构报告；对违章指挥、违章操作的，应当立即制止。

4. 建设工程实行施工总承包的，由总承包单位对施工现场的安全生产负总责。总承包单位依法将建设工程分包给其他单位，分包合同中应当明确各自安全生产方面的权利、义务。总承包单位和分包单位对分包工程的安全生产承担连带责任。分包单位应当服从总承包单位的安全生产管理，分包单位不服从管理导致生产安全事故的，由分包单位承担主要责任。

5. 垂直运输机械作业人员、安装拆卸工、爆破作业人员、起重信号工、登高架设作业人员等特种作业人员，必须按照国家有关规定经过专门的安全作业培训，并取得特种作业操作资格证书后，方可上岗作业。

（四）安全生产教育培训制度

人是施工安全管理中的重要因素，提高人员素质和技能是安全生产的重要保障。施工企业安全生产教育的内容、方式因管理层次、岗位的不同而不同。施工企业安全生产教育培训一般包括对管理人员、特种作业人员和新工人的安全教育。

1. 管理人员的安全教育

（1）项目部成员的安全教育。项目经理是安全生产的第一责任人，其对安全生产的重视程度对项目的安全生产工作起到决定性的作用。项目经理要自觉学习安全法规、技术知识，提高安全意识和安全管理工作领导水平。

项目部成员的安全教育主要内容包括安全生产方针、政策和法律、法规，项目经理部安全生产责任、典型事故案例剖析，本系统安全技术知识等。

（2）安全管理人员的安全教育。主要内容包括国家有关安全生产的方针、政策、法律、法规和安全生产标准，企业安全生产管理、安全技术、职业病知识、安全文件，员工伤亡事故和职业病统计报告及调查处理程序，有关事故案例及事故应急处理措施等。

（3）班组长和安全员的安全教育。主要内容包括安全生产法律和法规、安全技术及技能、职业病和安全文化的知识，本企业、本班组和工作岗位的危险因素、安全注意事项，本岗位安全生产职责，事故抢救与应急处理措施，典型事故案例等。

2. 特种作业人员的安全教育

特种作业指容易发生事故并对操作者本人、他人的安全健康及设备、设施的安全可能造成重大危害的作业。直接从事特种作业的人员称为特种作业人员。特种作业的范围由特种作业目录规定。

由于特种作业的危险性较大，所以特种作业人员必须经过安全培训和严格考核。对特种作业人员的安全教育要求如下：

（1）特种作业人员上岗作业前，必须进行专门的安全技术和操作技能的培训教育，进一步提高安全操作技术和预防事故的能力。

（2）培训后，经考核合格取得操作证，方可独立作业。

（3）取得操作证的特种作业人员，必须定期进行复审。

3.新工人的安全教育

新工人入厂和作业人员调换工种必须进行公司、工程项目部和班组三级教育，经三级教育考核合格者方能进入工作岗位，并建立三级教育卡归档备查。

（1）公司进行安全教育的主要内容包括安全生产政策、法规、标准，本企业安全生产规章制度、安全纪律、事故案例，发生事故后如何抢救伤员、排险、保护现场和及时报告等内容。

（2）工程项目部进行安全教育的主要内容包括工程项目概况，施工安全基本知识，安全生产制度、安全规定及安全隐患注意事项，本工种的安全技术操作规程，机械设备电气安全及高处作业安全基本知识，防毒、防尘、防火、防爆、紧急情况安全技术和安全疏散知识，防护用具、用品使用基本知识。

（3）班组进行安全教育的主要内容包括：本班组作业及安全技术操作规程，班组安全活动制度及纪律，爱护和正确使用安全防护装置、设施及个人劳动防护用品，本岗位易发生事故的不安全因素及防范对策，本岗位的作业环境及使用的机械设备、工具的安全要求等。

三、施工现场文明施工

文明施工能促使施工现场保持良好的作业环境、卫生环境和工作秩序，促进企业综合管理水平的提高，对促进安全生产、加快施工进度、保证工程质量、降低工程成本、提高经济和社会效益均有较大作用。

（一）施工现场文明施工的要求

施工现场文明施工应符合以下要求：

1.有完整的施工组织设计或施工方案，施工平面图布置紧凑、施工场地规划合理，符合环保、市容、卫生的要求。

2.有健全的施工组织管理机构和指挥系统，明确项目经理为现场文明施工的第一责任人，以专业工程师、质量、安全、材料、保卫、后勤等项目部人员为成员的施工现场文明施工管理组织，共同负责现场文明施工工作。岗位分工明确，工序交叉合理，交接责任明确。

3.建立健全文明施工管理制度。

4.有严格的成品保护措施和制度，各种材料、构件、半成品按要求堆放整齐。

5.施工场地平整，道路畅通，排水设施合理，水电线路符合要求，机具设备状况良好，使用合理，施工作业符合消防和安全要求。

6. 做好环境卫生管理，包括施工区、生活区环境卫生和食堂卫生管理。

（二）施工现场文明施工内容

施工现场文明施工主要包括以下内容。

1. 现场围挡

（1）市区主要路段的工地应设置高度不小于 2.5m 的封闭围挡。

（2）一般路段的工地应设置高度不小于 1.8m 的封闭围挡。

（3）围挡应坚固、稳定、整洁、美观。

2. 封闭管理

（1）施工现场进出口应设置大门，并应设置门卫值班室，建立门卫值守管理制度，配备门卫值守人员。

（2）施工人员进入施工现场应佩戴工作卡。

（3）施工现场出入口应标有企业名称或标志，并应设置车辆冲洗设施。

3. 施工场地

（1）施工现场的主要道路及材料加工区地面应进行硬化处理。

（2）施工现场道路应畅通，路面应平整坚实。

（3）施工现场应有防止扬尘措施。

（4）施工现场应设置排水设施，且排水通畅无积水。

（5）施工现场应有防止泥浆、污水、废水污染环境的措施。

（6）施工现场应设置专门的吸烟处，严禁随意吸烟。

（7）温暖季节应有绿化布置。

4. 材料管理

（1）建筑材料、构件、料具应按总平面布局进行码放，并应标明名称、规格等。施工现场材料码放应采取防火、防锈蚀、防雨等措施。

（2）建筑物内施工垃圾的清运，应采用器具或管道运输，严禁随意抛掷。

（3）易燃易爆物品应分类储藏在专用库房内，并应制定防火措施。

5. 现场办公与住宿

（1）施工作业、材料存放区与办公、生活区应划分清晰，并应采取相应的隔离措施。

（2）宿舍应设置可开启式窗户，床铺不得超过 2 层，通道宽度不应小于 0.9m；宿舍内住宿人员人均面积不应小于 2.5m²，且不得超过 16 人；冬季宿舍内应有采暖和防一氧化碳中毒措施；夏季宿舍内应有防暑降温和防蚊蝇措施；生活用品应摆放整齐，环境卫生应良好。在建工程、伙房、库房不得兼做宿舍。

（3）宿舍、办公用房的防火等级应符合规范要求。

6. 现场防火

（1）施工现场应建立消防安全管理制度、制定消防措施。

（2）施工现场临时用房和作业场所的防火设计应符合规范要求。

（3）施工现场应设置消防通道、消防水源，并应符合规范要求。

（4）施工现场灭火器材应保证可靠有效，布局配置应符合规范要求。

（5）明火作业应履行动火审批手续，配备动火监护人员。

7. 现场公示标牌

大门口处应设置公示标牌，主要内容应包括工程概况牌、消防保卫牌、安全生产牌、文明施工牌、管理人员名单及监督电话牌、施工现场总平面图，标牌应规范、整齐、统一，并有宣传栏、读报栏、黑板报。

8. 生活设施

（1）应建立卫生责任制度并落实到人。

（2）食堂与厕所、垃圾站、有毒有害场所等污染源的距离应符合规范要求；食堂必须有卫生许可证，炊事人员必须持身体健康证上岗；食堂使用的燃气罐应单独设置存放间，存放间应通风良好，并严禁存放其他物品；食堂的卫生环境应良好，且应配备必要的排风、冷藏、消毒、防鼠、防蚊蝇等设施。

（3）厕所内的设施数量和布局应符合规范要求，厕所必须符合卫生要求。

（4）必须保证现场人员卫生饮水。

（5）应设置淋浴室，且能满足现场人员需求。

（6）生活垃圾应装入密闭式容器内，并应及时清理。

第五节　施工资源管理

一、施工资源管理概述

施工资源管理指对各种生产要素的管理，包括人力资源、材料、机械设备等形成生产力的各种要素。施工资源管理是施工企业完成施工任务的重要手段，也是施工项目目标得以实现的重要保证。

施工资源管理的目的是节约活劳动和物化劳动。将资源进行适时、适量的优化配置、优化组合，使其更有效地形成生产力，并在施工项目运行过程中，对资源进行动态管理，合理、节约使用资源。

施工资源费用一般占到工程总费用的80%以上，因此节约资源是节约工程成本的主要途径。施工资源管理的任务就是按照施工项目的实施计划，将施工项目所需的资源按正确的时间、数量，供应到正确的地点，并降低施工项目资源的成本消耗。施工项目资源管理的主要环节包括以下内容。

1. 编制资源计划

根据施工进度计划、各分部分项工程量，编制资源需用计划表，对资源投入量、投入时间和投入顺序做出合理安排，以满足施工项目实施的需要。

2. 资源的管理

按照编制的各种资源计划，从资源的来源到资源的投入进行管理，使资源计划得以实现。

3. 节约使用资源

根据每种资源的特性，制定出科学的措施，进行动态配置和组合，协调投入、合理使用、不断纠正偏差，以尽可能少的资源来满足项目的使用，达到节约资源的目的。

4. 进行资源使用效果分析

对资源使用效果进行分析，一方面对管理效果进行总结，找出经验和问题，评价管理活动；另一方面为管理提供储备和反馈信息，以指导以后的管理工作。

二、施工人力资源管理

人力资源一般指能够从事生产活动的体力和脑力劳动者。人力资源是一种特殊的资源，是具有创造性的，充分使用，能激发其潜力。在施工中，应利用行为科学，从劳动力个人的需要和行为的关系观点出发，有计划地对人力资源进行合理的调配，进行恰当的激励，发挥其潜能，提高劳动效率。

施工项目人力资源管理指在施工项目实施过程中，项目部需要的劳动力的取得、计划与配置、供应、培训教育、使用和评价等工作。其主要内容包括施工项目人力资源管理体制，劳动力的优化配置与动态管理，人员培训和持证上岗，劳动绩效评价与激励等。

（一）施工项目人力资源管理体制

施工总承包、专业承包企业可通过自有劳务人员或劳务分包、劳务派遣等多种方式完成劳务作业。施工总承包、专业承包企业应拥有一定数量的与其建立稳定劳动关系的骨干技术工人，或拥有独资或控股的施工劳务企业，组织自有劳务人员完成劳务作业；也可以将劳务作业分包给具有施工劳务资质的企业；还可以将部分临时性、辅助性工作交给劳务派遣人员来完成。

施工劳务企业应组织自有劳务人员完成劳务分包作业。施工劳务企业应依法承接施工总承包、专业承包企业发包的劳务作业，并组织自有劳务人员完成作业，不得将劳务作业再次分包或转包。

建筑施工企业对自有劳务人员承担用工主体责任。建筑施工企业应对自有劳务人员的施工现场用工管理、持证上岗作业和工资发放承担直接责任。建筑施工企业应与自有劳务人员依法签订书面劳动合同，办理工伤、医疗等社会保险，并按劳动合同约定及时将工资直接发放给劳务人员本人，保障其合法权益。

施工总承包、专业承包企业承担相应的劳务用工管理责任。按照"谁承包、谁负责"的原则，施工总承包企业应对所承包工程的劳务管理全面负责。施工总承包、专业承包企业将劳务作业分包时，应对劳务费结算支付负责，对劳务分包企业的日常管理、劳务作业和用工情况、工资支付负监督管理责任。

（二）劳动力的优化配置

劳动力的优化配置就是根据劳动力需要量计划，通过双向选择，择优汰劣，能进能出，并保证人员的相对稳定，使人力资源得到充分利用，降低工程成本，以实现最佳方案。具体应做好以下几方面的工作：

1. 在劳动力需用量计划的基础上，按照施工进度计划和工种需要数量进行配置，必要时根据实际情况对劳动力计划进行调整。

2. 配置劳动力时应掌握劳动生产率水平，使工人有超额完成的可能，以获得奖励，进而激发工人的劳动热情。

3. 如果现有人员在专业技术或其他素质上不能满足要求，应提前进行培训，再上岗作业。

4. 尽量使劳动力和劳动组织保持稳定，防止频繁调动。当使用的劳动组织不适应任务要求时，则应进行劳动组织调整。

5. 劳动力均衡配置，劳动资源强度适当，各工种组合合理配套。

（三）劳动力的动态管理

劳动力的动态管理指根据生产任务和施工条件的变化对劳动力进行跟踪、协调、平衡，以解决劳动力失衡、劳务与生产要求脱节的动态过程。

劳动力动态管理的原则是：以进度计划与劳务合同为依据，以劳动力市场为依托，以动态平衡和日常调度为手段，以达到劳动力优化组合和充分调动作业人员的积极性为目的，允许劳动力在市场内做充分的合理流动。劳动力的动态管理应从以下几方面着手：

1. 按劳动力需求计划下达生产任务书或承包任务书，合理安排劳务人员。

2. 在施工过程中不断进行劳动力平衡、调整，解决施工要求与劳动力数量、工种、技术能力、相互配合中存在的矛盾，并与企业管理层保持信息沟通、人员使用和管理工作的协调。

3. 对作业效率和质量进行检查，根据执行结果进行考核，按合同支付劳务报酬。

（四）人员培训和持证上岗

劳动者的素质、劳动技能不同，在施工中所起的作用和获得的劳动成果也不同。当前建筑施工企业缺少的是有知识、有技能、适应施工企业发展要求的劳务人员。因此，相关部门应采取措施全面开展人员培训，达到预定的目标和水平后，经过考核取得合格证，劳务人员才能上岗。具体要求如下：

建筑施工企业承担劳务人员的教育培训责任。施工企业应通过积极创建农民工业余学校、建立培训基地、师傅带徒弟现场培训等多种方式，提高劳务人员职业素质和技能水平，使其满足工作岗位需求。

施工企业应对自有劳务人员的技能和岗位培训负责，建立劳务人员分类培训制度，实施全员培训、持证上岗。对新进入建筑市场的劳务人员，应组织相应的上岗培训，考核合格后方可上岗；对因岗位调整或需要转岗的劳务人员，应重新组织培训，考核合格后方可上岗；对从事建筑电工、架子工、起重信号司索工等岗位的劳务人员，应组织培训并取得住房城乡建设主管部门颁发的证书后方可上岗。施工总承包、专业承包企业应对所承包工程项目施工现场劳务人员的岗前培训负责，对施工现场劳务人员持证上岗作业负监督管理责任。

（五）劳动绩效评价与激励

绩效评价指按照既定标准，采用具体的评价方法，检查和评定劳动者工作过程、工作结果，以确定工作成绩，并将评价结果反馈给劳动者的过程。

施工企业劳动定额是进行绩效评价的重要依据。企业应建立编制企业定额的专门机构，收集本单位及行业定额水平资料，结合生产工艺、操作方法及技术条件，编制企业劳动定额，并定期进行修改、完善，使其反映新技术、新工艺，起到鼓励先进鞭策落后的作用。

有效的激励措施是做好项目管理的必要手段，管理者必须深入了解员工的各种需要，正确选择激励手段，制定合理的奖惩制度并适时地采取相应的奖惩和激励措施，以提高员工的工作效率。

此外，对员工的激励必须坚持一定的原则，如为实现项目目标而努力的目标原则，员工的报酬与贡献和他们的待遇是否公平的原则，是否满足项目员工需求的按需激励原则等。

三、施工材料管理

施工材料管理指按照一定的原则、程序和方法，做好材料的供需平衡、运输与保管工作，以保证施工生产的顺利进行。

（一）材料采购与供应管理

材料供应是材料管理的首要环节。施工项目的材料供应通常划分为企业管理层和项目部两个层次。

1.企业管理层材料采购供应

企业应建立统一的材料供应部门，对各工程项目所需的主要材料、大宗材料实行统一计划、统一采购、统一供应、统一调度和统一核算。企业材料部门建立合格供应方名录，对供应方进行考核，签订供货合同，确保供应工作质量和材料质量。同时，企业统一采购有助于进一步降低材料成本，还可以避免由于多渠道、多层次采购而导致的低效状态。

企业管理层材料采购供应的主要内容包括：

（1）根据各项目部材料需用计划，编制材料采购和供应计划，确定并考核施工项目的材料管理目标。

（2）建立稳定的供货渠道和资源供应基地，发展多种形式的横向联合，建立长期、稳定、多渠道可供选择的货源，为提高工程质量、降低工程成本打下牢固的物质基础。本施工企业应对供应方进行评价，合理选择材料供应方。评价内容主要包括经营资格和信誉，供货能力，建筑材料、构配件的质量、价格，售后服务等。

（3）组织好招标采购报价工作，建立材料管理制度，包括材料目标管理制度、材料供应和使用制度，并进行有效的控制、监督和考核。

2. 项目部的材料采购供应

由于工程项目所用材料种类繁多，用量不一，为便于管理，企业应给予项目部必要的材料采购权，负责采购企业物资部门授权范围内的材料，这样有利于两级采购相互弥补，保证供应不留缺口。

项目部材料采购供应的主要内容包括：

（1）准确编制各种材料需用量计划，并及时上报企业物资采购部门。

（2）按计划供应材料，把好材料进场关，保证材料质量符合要求。

（二）施工材料的现场管理

1. 现场材料管理的责任

项目经理是现场材料管理的全面领导者和责任者。项目部主管材料人员是施工现场材料管理的直接责任人。班组材料员在项目材料员的指导下，协助班组长组织和监督本班组合理进行领料、用料和退料工作。现场材料人员应建立材料管理岗位责任制。

2. 现场材料管理的内容

（1）材料计划管理。项目开工前，项目部向企业材料部门提交一次性计划，作为供应备料的依据。在施工中，再根据工程变更及调整的施工进度计划，及时向企业材料部门提出调整供料计划。材料供应部门按月对材料计划的执行情况进行检查，不断改进材料供应。

（2）材料验收。材料进场验收应遵守下列规定：

1）清理存放场地，做好材料进场准备工作。

2）检查进场材料的凭证、票据、进场计划、合同、质量证明文件等有关资料，是否与供应材料要求一致。

3）检查材料品种、规格、包装、外观、尺寸等，检查外观质量是否满足要求。在外观质量满足要求的基础上，再按要求取样进行材料复验。

4）按照规定分别采取称重、点件、检尺等方法，检查材料数量是否满足要求。

5）验收要做好记录，办理验收手续。

（3）材料的储存、保管与领发。进场的材料应验收入库，建立台账；入库的材料应按型号、品种分区堆放，施工现场材料按总平面布置图实施，要求位置正确、保管处置得当、符合堆放保管制度；要日清、月结、定期盘点，账物相符。

施工现场的材料领发，应建立限额领料制度。超过限额的用料，在用料前应办理手续，填报限额领料单，注明超出原因，经签发批准后实施。此外，还应建立领发料台账，记录领发状况和节超状况。

（4）材料的使用监督。项目部应实行材料使用监督制度，由现场材料管理责任者对材料的使用进行监督，填写监督记录，对存在的问题及时分析并予以处理。监督的内容主要包括：是否按平面图要求堆放材料，是否按要求保管材料，是否合理使用材料，是否认真执行领发料手续，是否做到工完料清、场清等。

（5）材料的回收。班组余料必须回收，及时办理退料手续，并在限额领料单中登记扣除。余料要做表上报，按供应部门的要求办理调拨或退料。建立回收台账，处理好经济关系。

第六节　施工合同管理

一、施工合同管理概述

工程施工合同是发包人与承包人之间完成商定的建设工程项目，确定合同主体权利与义务的协议。建设工程施工合同也称为建筑安装承包合同，建筑是对工程进行建造的行为，安装主要是与工程有关的线路、管道、设备等设施的装配。

施工合同管理是工程项目管理的重要内容之一，按照《建设工程施工合同示范文本》介绍其通用条款的主要内容有：一般约定、发包人、承包人、监理，人、工程质量、安全文明施工与环境保护、工期和进度、材料与设备、试验与检验、变更、价格调整、合同价格、计量与支付、验收和工程试车、竣工结算、缺陷责任与保修、违约、不可抗力、保险、索赔和争议解决。

二、施工投标

（一）建筑工程施工投标程序

建筑工程施工投标的一般程序如下：

报告参加投标→办理资格审查→取得招标文件→研究招标文件→调查招标环境→确定投标策略→编制施工方案→编制标书→投送标书。

（二）建筑工程施工投标的准备工作

1.收集招投标信息

在确定招标组织后，收集招标信息，从中了解工程制约因素，可以帮助投标单位在投标报价时做到心中有数，这是施工企业在投标过程中成败的关键，如工程所在地的交通运输、材料和设备价格及劳动力供应状况；当地施工环境、自然条件、主要材料供应情况及专业分包能力和条件；类似工程的技术经济指标、施工方案及形象进度执行情况；参加投标企业的技术水平、经营管理水平及社会信誉等。

2.研究招标文件

投标单位取得投标资格，获得招标文件之后，首先就是认真仔细地研究招标文件，充分了解其内容与要求，以便有针对性地开展投标工作。研究招标文件的重点应该放在投标者须知、合同条款、设计图纸、工程范围及工程量表上，还要研究技术规范要求，看是否有特殊要求，投标人应该把重点放在投标人须知、投标附录和合同条件、技术说明、永久性工程之外的报价补充文件。

3.编制施工方案

施工方案是投标报价的一个前提条件，也是招标单位评标时要考虑的因素之一。施工方案由投标单位的技术负责人主持编制，主要考虑施工方法、施工机具的配置，各个工种劳动力的安排及现场施工人员的平衡，施工进度的安排，质量安全措施等。施工方案的编制应该在技术和工期两方面对招标单位有吸引力，同时又能降低施工成本。

（三）建筑工程的投标报价

建筑工程的投标报价指投标单位为了中标而向招标单位报出的该建筑工程的价格。投标报价的正确与否，对投标单位能否中标以及中标后的盈利情况将起决定性作用。

1.报价的基本原则

报价按照国家规定，并且体现企业的生产经营管理水平；标价计算主次分明，并从实际出发，把实际可能发生的一切费用计算在内，避免出现遗漏和重复；报价以施工方案为基础。

2.投标报价的基本程序

（1）准备阶段：熟悉招标文件，参加招标会议，了解、调查施工现场以及建筑原材料的供应情况。

（2）投标报价费用计算阶段：分析并计算报价的有关费用，确定费率标准。

（3）决策阶段：投标决策并且编写投标文件。所谓投标决策，主要包括：

1）决定是否投标；

2）决定采用怎样的投标策略；

3）投标报价；

4）中标后的应对策略。

3. 复核工程量

在报价前，应该对工程量清单进行复核，确保标价计算的准确性。对于单价合同，虽然以实测工程量结算工程款，但投标人仍然应该根据图纸仔细核算工程量，若发现差异较大，投标人应该向招标人要求澄清。对于总价固定合同，总价合同是以总报价为基础进行结算，如果工程量出现差异，可能对施工方不利。对于总价合同，如果业主在投标前对争议工程量不予以更正，而且是对投标者不利的情况，投标者在投标时要附上声明：工程量表中某项工程量有错误，施工结算应该按照实际完成量计算。

4. 选择施工方案

施工方案是报价的基础和前提，也是招标人评标时考虑的重要因素之一，有什么样的方案，就会有什么样的人工、机械和材料消耗，也就会有相应的报价。因此，必须弄清楚分项工程的内容、工程量、所包含的相关工作、工程进度计划的各项要求、机械设备状态、劳动与组织状况等关键环节，据此制订施工方案。

5. 正式投标

投标人经过多方面情况分析、运用报价策略和技巧确定投标报价，并且按照招标人的要求完成标书的准备与填报之后，就可以向招标人正式提交投标文件，但是需要注意投标的截止日期、投标文件的完整性、标书的基本要求和投标的担保。

三、施工合同的订立

订立施工合同要经过要约和承诺两个过程。要约指当事人一方向另一方提出签订合同的建议与要求，拟定合同的初步内容。承诺是指受约人完全同意要约人提出的要约内容的一种表示。承诺后合同即成立。

按照《招标投标法》规定，招标、投标、中标的过程实质就是要约、承诺的一种具体方式。招标人通过媒体发布招标公告，或向符合条件的投标人发出招标文件，为要约邀请；投标人根据招标文件内容在约定的期限内向招标人提交投标文件，为要约；招标人通过评标确定中标人，发出中标通知书，为承诺；招标人和中标人按照中标通知书、招标文件和中标人的投标文件等订立书面合同时，合同成立并生效。

四、施工合同执行过程的管理

合同的履行指工程建设项目的发包方和承包方根据合同规定的时间、地点、方式、内容和标准等要求，各自完成合同义务的行为。合同的履行是合同当事人双方都应尽的义务，任何一方违反合同，不履行合同义务，或者未完全履行合同义务，给对方造成损失时，都应当承担赔偿责任。合同签订后，当事人必须认真分析合同条款，向参与项目实施的有关责任人做好合同交底工作，在合同履行过程中进行跟踪与控制，并加强合同的变更管理，保证合同的顺利履行。

（一）掌握施工合同跟踪与控制

合同签订以后，合同中各项任务的执行要落实到具体的项目经理部或具体的项目参与人员身上，承包单位作为履行合同义务的主体，必须对合同执行者（项目经理部或项目参与人）的履行情况进行跟踪、监督和控制，确保合同义务的完全履行。施工合同跟踪有两个方面的含义，一是承包单位的合同管理职能部门对合同执行者的跟踪；二是合同执行者本身对合同计划的执行情况进行的跟踪、检查与对比，在合同实施过程中二者缺一不可。对合同执行者而言，应该掌握合同跟踪的以下内容：

1. 合同跟踪的依据

合同跟踪的重要依据是合同以及依据合同而编制的各种计划文件；其次，要依据各种实际工程文件，如原始记录、报表、验收报告等；最后还要依据管理人员对现场情况的直观了解，如现场巡视、交谈、会议、质量检查等。

2. 合同跟踪的对象

施工合同实施情况追踪的对象主要包括以下几个方面：

（1）具体合同事件：工程施工的质量包括材料、构件、制品和设备等的质量以及施工或安装质量，是否符合合同要求；工程进度是否在预定期限内，工期有无延长，延长的原因是什么；工程数量是否按照合同要求全部完成，有无合同规定以外的施工任务；施工成本的增加和减少等。

（2）工程小组或分包商的工程和工作。可以将工程施工任务分解交由不同的工程小组或发包给专业分包单位完成，工程承包人必须对这些工程小组或分包人及其所负责的工程进行跟踪检查，协调关系，提出意见、建议或警告，保证工程总体质量和进度。对专业分包人的工作和负责的工程，总承包商负有协调和管理的责任，并承担由此造成的损失，所以专业分包人的工作和负责的工程必须纳入总承包工程的计划和控制中，防止因分包人工程管理失误而影响全局。

（3）业主及其委托的工程师的工作：业主是否及时、完整地提供了工程施工的实施条件，如场地、图纸、资料等；业主和工程师是否及时给予了指令、答复和确认等；业主是否及时并足额地支付了应付的工程款项。

3. 合同实施的偏差分析

通过合同跟踪，可能会发现合同实施中存在着偏差，即工程实施实际情况偏离了工程计划和工程目标，若遇到这种情况，则应该及时分析原因，采取措施，纠正偏差，避免损失。

合同实施偏差分析的内容包括以下几个方面：

（1）产生偏差的原因分析。通过对合同执行实际情况与实施计划的对比分析，不仅可以发现合同实施的偏差，而且可以分析引起差异的原因。原因分析可以采用鱼刺图、因果关系分析图（表）、成本量差、价差、效率差分析等方法定性或定量地进行。

（2）合同实施偏差的责任分析，即分析产生合同偏差是由谁引起的，应该由谁承担责任。责任分析必须以合同为依据，按合同规定落实双方责任。

（3）合同实施趋势分析。针对合同实施偏差情况，可以采取不同的措施，分析在不同措施下合同执行的结果与趋势，包括：最终的工程状况、总工期的延误、总成本的超支、质量标准、所能达到的生产能力（或功能要求）等；承包商将承担什么样的后果，如被罚款、被清算甚至被起诉等，对承包商资信、企业形象、经营战略的影响等；最终工程经济效益（利润）水平。

4. 调整措施

合同实施偏差处理根据合同实施偏差分析的结果，承包商应该采取相应的调整措施，调整措施可以分为：

（1）组织措施。如增加人员投入，调整人员安排，调整工作流程和工作计划等。

（2）技术措施。如变更技术方案，采取新的高效率的施工方案等。

（3）经济措施。如增加投入，采取经济激励措施等。

（4）合同措施。如进行合同变更，签订附加协议，采取索赔手段等。

（二）掌握工程合同变更管理

工程合同变更是一种特殊的合同变更，一般指在工程施工过程中，根据合同约定对施工程序、工程内容、数量、质量要求及标准等做出的变更。

工程合同变更指合同成立以后和履行完毕以前由双方当事人依法对合同的内容所进行的修改，包括合同价款、工程内容、工程数量、质量要求和标准、实施程序等的一切改变。

1. 工程合同变更的原因

工程合同变更一般主要有以下几个方面原因：

（1）业主新的变更指令，对建筑的新要求，如业主有新的意图，业主修改项目计划、削减项目预算等。

（2）由于设计人员、监理人员、承包商事先没能很好地理解业主的意图或设计的错误，导致图纸修改。

（3）工程环境的变化，预定的工程条件不准确，要求实施方案或实施计划变更。

（4）由于新技术的出现，有必要改变原设计、原实施方案或实施计划，或由于业主指令及业主责任的原因造成承包商施工方案的改变。

（5）政府部门对工程提出新的要求，如国家计划变化、环境保护要求、城市规划变动等。

（6）由于合同实施出现问题，必须调整合同目标或修改合同条款。

2. 变更的范围和内容

根据国家发展和改革委员会等九部委联合编制的《中华人民共和国简明标准施工招标文件》中的通用合同条款的规定：除专用合同条款另有约定外，在履行合同中发生以下情形之一，应按照本条款进行变更。

（1）取消合同中任何一项工作，但被取消的工作不能转由发包人或其他人实施。

（2）改变合同中任何一项工作的质量或其他特性。

（3）改变合同工程的基线、标高、位置或尺寸。

（4）改变合同中任何一项工作的施工时间或改变已批准的施工工艺或顺序。

（5）为完成工程需要追加的额外工作。

3. 变更程序

（1）工程合同变更的提出。

1）承包商提出工程合同变更。承包商在提出工程合同变更时，一般情况是工程遇到不能预见的地质条件或地下障碍，或者是承包商为了节约工程成本或加快工程施工进度。

2）业主方提出工程合同变更。业主一般可通过工程师提出工程合同变更。如果业主方提出的工程合同变更内容超出合同限定的范围，则属于新增工程，只能另签合同处理，除非承包方同意变更。

3）工程师提出工程合同变更。工程师根据工地现场工程进展的具体情况，认为确有必要时，可以提出工程合同变更。若提出的工程合同变更超出了原来合同规定范围，新增了很多工程内容和项目，则属于不合理的工程变更请求，工程师应该和承包商协商后酌情处理。

（2）工程合同变更的批准。由承包商提出的工程合同变更，应交给工程师审查并批准。由业主提出的工程合同变更，为便于工程的统一管理，一般可由工程师代为发出。而工程师发出工程合同变更通知的权力，一般由工程施工合同明确约定。当然，该权力也可约定为业主所有，然后业主通过书面授权的方式使工程师拥有该权力。如果合同对工程师提出工程合同变更的权力做了具体限制，而约定其余均应由业主批准，在工程师就超出其权限范围的工程合同变更发出指令时应附上业主的书面批准文件，否则承包商可以拒绝执行。在紧急情况下，不应限制工程师向承包商发布其认为必要的此类变更指示。如果在上述紧急情况下采取行动，工程师应将情况尽快通知业主。

（3）工程合同变更指示。工程合同变更指示的发出有两种形式：书面形式和口头形式。一般情况下，要求工程师签发书面变更通知令，当工程师书面通知承包商工程合同变更时，承包商才可执行该项变更。当工程师发出口头指令要求工程合同变更时，事后一定要补签一份书面的工程合同变更指示。如果工程师口头指示后忘了补签书面指示，承包商（须7天内）以书面形式证实此项指示，交予工程师签字，工程师若在14天内没有提出反对意见，应视为认可，所有工程合同变更必须按照规定格式用书面形式写明。对于要取消的任何一项分部工程，工程合同变更应在该部分工程还未施工前进行，以免造成人力物力的浪费，避免造成业主多支付工程款项。

4. 工程合同变更价格调整

除专用合同条款另有约定外，因变更引起的价格调整按照以下约定处理。

（1）已标价工程量清单中有适用于变更工作的子目的，采用该子目的单价。

（2）已标价工程量清单中无适用于变更工作的子目的，但有类似子目的，可在合理范围内参照类似子目的单价，由工程师按《标准施工招标文件》中通用合同条款商定或确定变更工作的单价。

（3）已标价工程量清单中无适用或类似子目的单价，可按照成本加利润的原则，由工程师按《标准施工招标文件》中通用合同条款第 3.5 款商定或确定变更工作的单价。

5. 工程合同变更的管理

（1）注意对工程合同变更条款的分析，如工程合同变更不能超过合同规定的工程范围。若超过这个范围，则承包商有权不执行变更或坚持先商定价格后再变更。

（2）若施工中发现施工图纸错误或其他问题需要变更，则首先需通知工程师，经过工程师同意或变更程序后再变更；否则，承包商可能不仅得不到应有的补偿，还有可能需要承担相应的责任。

（3）迅速、全面地落实变更指令。

（4）分析工程合同变更的影响，合同变更是索赔机会，应该在合同规定的索赔期限内完成索赔事项，并在合同变更过程中记录、收集、整理所涉及的各种文件。

第六章　建筑工程施工项目的保险管理

建筑工程施工项目在实施的过程中面临着许多的风险，实施风险管理的目的就是最大限度地减小项目中存在的风险，控制风险的发生，当风险发生时进行有效的应对以减小风险带来的损失。工程保险是建筑工程施工项目转移、分担风险的一种重要手段。当工程施工项目遭遇风险事故后，建筑工程保险能够为项目的损失提供一定的补偿，从而减轻风险对项目带来的损失。建筑工程保险种类丰富，本章主要对建筑工程险和安装工程险展开讲述。

第一节　工程保险概述

一、工程保险的定义

建筑工程施工项目是在有限资源、有限时间等约束条件下，通过特定的手段进行资源的整合与调配最终完成预定的工程任务。建筑工程施工项目作为一个完备的系统具有一定的复杂性，由于规模较大、工艺复杂、工序较多，所以影响因素多，最常见的影响因素包括政治因素、环境因素、社会因素、技术经济因素等。由于受到这些因素的影响，建筑工程施工项目会面临各种风险，其中比较典型的几种风险为：组织风险、经济管理风险、环境风险、技术风险。根据风险学中风险与风险量的关系，并不是所有风险发生频率都很高，都会造成很大伤害。面对工程建设项目中可能遇到的风险，可以通过风险规避、风险减轻、风险自留、风险转移以及组合等策略来应对。对难以控制的风险（频度低、损失大）向保险公司投保即是一种行之有效的风险转移方法。

建筑工程保险，是对施工过程中遭受自然灾害或意外事故所造成的损失提供经济补偿的一种保险形式。被保险人将自己的工程风险转移给保险人（保险公司、保险方），并按照约定的保险费率向保险人交纳保险费，如果保险范围内的安全事故发生，投保人可以向保险人要求损失赔偿，以达到转移风险的目的。被保险人既可以为业主、开发商，也可以为承包商、设计单位、咨询单位、监理单位等。

工程保险起源于 20 世纪 30 年代的英国，由于"二战"之后，欧洲基础设施遭到一定程度上的破坏，大规模地进行基础设施重建工程，建筑工程保险也随之有了长足的发展。

从 30 年代至今，欧洲发达国家发展建筑工程保险制度已有 90 年，而我国仅仅是从 80 年代初才从国外引进建筑工程保险。

随着国际咨询工程师联合会 FIDIC 将建筑工程保险制度列入合同条款中后，在国际性的建设工程中，如果没有保险制度的保障，合同无法得到保护。在欧美发达国家，包括施工方、设计方、咨询方在内的等建筑工程参与者如果没有实施建筑保险制度，甚至无法得到项目合同。因为保险不单是第三方的担保保证，也不单是保险责任范围内是事故造成损失后的赔偿支付。在建筑工程保险期内，保险人要组织有关专家人员在工程各个阶段对安全和质量进行检查，因为建筑工程施工的安全和质量同保险人有着直接的利益关系，因此保险人会对工程存在的隐患向投保人责令整改，甚至会通过一定的经济手段要求投保人对事故隐患进行有效处理，以避免或减少事故，同时减小了保险人经济损失的风险。当发生不可预见的保险责任范围内的事故并造成损失后，保险人会及时组织人员进行专业鉴定，按照签订保险合约时约定的费率水平并结合建筑工程施工项目的实际损失进行赔偿，为工程项目尽快复工创造条件。

二、工程保险的主要特点

由于工程保险标的的特殊性，工程保险具有不同于其他保险险种之处，工程保险具有如下几个特征：

1. 工程保险的保险期限不固定。由于工程项目工期比较长，一般的财产保险的保险期限为一年，工程保险的保险期限根据工程项目施工时间长短确定。

2. 工程保险无统一保险费率且费率现开，因工程项目而异。工程风险参差不齐，承保时，保险人对工程项目进行风险评估，依据风险水平确定费率。国家相关部门只设定可供参考的浮动幅度，在此幅度内进行费率的上下浮动。

3. 工程保险的被保险人有多方。根据保险利益原则，凡是跟保险标的有合法利益关系的，均可以成为被保险人。工程项目施工往往会涉及多方，工程的成败又关系到多方的利益，导致工程保险被保险人有多方。

4. 保险金额随工程项目进程和工程投资的增加逐渐升高。一般的财产保险的保额是固定的，工程保险的保额却是逐渐增高的。

5. 保险标的随时间变化。工程项目施工，在某一时刻就会有一些分项工程完工，同时还会有些分项工程刚刚开始施工。所以工程保险的保险标的是不断变化的。

三、工程保险在风险管理中的作用

建筑工程施工项目在与保险人签订合同之后，建筑工程施工安全问题已经从工程项目自身的问题变成了项目与保险人共同关心的问题，也就是被保险人与保险人共同关注的问题。虽然被保险人在向保险人寻求风险转移后，如果发生安全事故造成损失会得到保险人的损失金额赔付，但是根据前文的分析，发生安全事故后损失的不仅仅是经济上的损失，不可衡量的非经济损失是很庞大的，所以被保险人在转移风险后仍然不会在安全控制中松懈。对于保险人来讲，得到建筑工程施工项目的保险金额之后，如果建筑工程施工项目发生事故造成损失，保险人需要进行赔付，所以保险人更不愿意看到保险范围内的安全事故发生。

事实上，在建筑工程施工项目投保建筑工程保险之后可以享受保险人提供的风险管理服务。保险人在保险业务中除了有损失金额赔付的业务，另一项业务便是工程项目的风险管理与安全管理，保险人方面如果足够强大的安全管理能力可以降低事故损失，降低了事故损失便减少了损失金额赔付，也就提高了保险人的经济效益。由于保险人在多年的经营活动中，通过对每次赔付后的事故原因分析与研究，掌握了很多安全事故发生的规律，对安全事故隐患与安全管理的盲区较被保险人更有经验，而且保险人在承保被保险人工程项目后一般都会投入大量的人力、物力、财力为被保险人提供专业的风险管理服务。因此，工程项目在投保建筑工程保险之后有政府主管部门、建设单位、承包商、监理单位的安全管理控制组织机构的安全管理团队，再加上保险人安全管理团的协助能够更好地保障安全控制管理的有效性。

建筑工程保险是在事故损失控制中有重要的意义，通过保险费用的支出，能够将工程项目所面临的风险有效地转移，使被保险人在发生安全事故造成损失后只付出一定量的损失，而不至于对整个工程项目的实施造成毁灭性的影响，从而最大限度地减少安全事故所造成的损失。

四、工程保险的险种选择

由于我国建筑工程保险起步相对较晚，保险制度尚未在建筑工程项目建设中强制执行，因而我国建筑工程对保险的自主选择权较大，目前在我国有以下三种工程保险险种选择模式。

1. 确定险种的选择模式

被保险人根据工程项目可能面临的各种风险情况确定了应该投保的各种险种，经此方法确定之后的工程保险险种一般情况下可以覆盖整个工程项目全寿命周期可能面临的各种风险，一旦发生保险合同范围内所涵盖的意外事件导致安全事故造成损失，建筑企业一般都可以得到保险人相应的赔偿，工程项目的风险降低了很多，但是由于建筑企业缺乏对不同保险费率险种的正确认识，往往会刻意回避风险，或期望得到较高的损失赔付，而选择高费率险种产品，从而付出较多的保险费，在没有发生风险事故时，造成了建设成本的无效增加。

2. 确定保险公司的选择模式

这种模式一般适用于和某家保险公司有长期合作关系的建筑企业，这种模式中保险人会给被保险人的优惠，但是这种"优惠"是建立在被保险人不知道其他保险人会提供何种建筑工程保险险种产品的基础之上，所以是基于信息不对称的优惠。此种险种选择模式中，被保险人无法根据特定项目所面临的各种风险做出客观评估，导致险种选择成本过高，或者是覆盖面不够；同时也无法对当前建设工程项目性质种类，来对自身实力、技术成熟度做出客观分析，导致被保险人选择费率过高或者是过低的险种，不利于建设工程事故损失控制。

3. 险种与费率结合的选择模式

此种模式是对建筑企业而言是最科学、最合理的险种选择模式。被保险人在客观评估本工程项目可能面临的各种风险后，选择能覆盖工程项目的险种组合。如，由于承接了国际项目，在政局相对不稳定的国家进行施工，并且货物运输等都存在一定的风险，经过评估后，工程项目决定投保的险种有：建筑工程一切险、货物运输险、政治风险保险等险种。在确定投保的险种之后，就主要的险种建筑工程一切险进行与本项目实际因素相匹配的不同费率险种的确定。这种模式对于建筑企业来讲是最经济、最合理的选择模式，但是对于建筑企业要求较高，需要建筑企业成立专门负责建筑工程保险相关事宜的部门来进行项目风险的评定，来确定项目所需险种以及投保何种费率险种产品。

五、工程保险索赔

工程保险索赔是被保险人投保的目的，一旦工程保险标的遭受损失，被保险人将向保险人要求经济赔偿，达到恢复正常施工、保障被保险人财务稳定的目的。索赔是被保险人行使权利的具体体现，是指被保险人在发生保险责任范围内的损失后，按照双方签订的保险合同有关规定，向保险人申请经济补偿的过程。

（一）索赔人确定

"谁受损谁索赔"的原则是为了防止道德风险，维护受损者利益的需要而制定的。但是在工程保险索赔中，由于工程保险人的多方性以及工程合同所构成的权利与义务关系的复杂性，由谁来索赔变为较为复杂的问题。例如，业主对工程项目进行了统一保险并缴纳了保费，此时承包商也就是被保险人之一了。如果承包商发生保险事故，承包商理应可以成为索赔人并向保险人进行索赔。但是在承包合同中规定，由于人力不可抗拒因素造成的损失由业主赔偿，或者规定了由于保险责任范围内的损失由业主赔偿，这样承包商直接向保险公司索赔就不合适了，而是由业主向保险人索赔获得赔偿后，再赔偿承包商。所以投保人在与保险人签订保险合同时就应该确定发生事故后由谁来索赔的事项。

确定索赔人总的原则是：谁缴纳保费谁索赔。因为投保人对于签订保险合同的过程和条款较为了解，掌握的有关信息较为丰富，可以提高索赔的效率。另一个原则就是承包合同的规定，承包合同中规定由谁索赔就应该由谁索赔。

（二）索赔申请

1. 出险后及时通知保险人。在发生引起或可能引起保险责任项下的索赔时，被保险人或其代表应立即通知保险人，通常在 7 天内或经保险人书面同意延长的期限内以书面报告提供事故发生的经过、原因和损失程度。

2. 保险事故发生后，被保险人应立即采取一切必要的措施防止损失的进一步扩大并将损失减少到最低限度。

3. 在保险人代表进行查勘之前，被保险人应保留事故现场及有关实物证据。

4. 按保险人的要求提供索赔所需的有关资料。

5. 在预知可能引起诉讼时，立即以书面形式通知保险人，并在接到法院传票或其他法律文件后，将其送交保险人。

6. 未经保险人书面同意，被保险人或其代表对索赔方不得做出任何承诺或拒绝、出价、约定、付款或赔偿。

（三）赔偿标准与施救费用

1. 赔偿标准

赔偿标准是指受损标的物恢复原状的程度，有两条：

（1）在标的物部分损失的情况下，保险人的责任是支付费用，将保险财产修复到受损前的状态，如果在修复中有残值，残值应在保险人支付的费用中扣除。保险财产的全部损失，可以分为实际全部损失和推定全部损失。实际全部损失指保险财产在物质意义上的全部灭失，或者对被保险人而言相对全部灭失，如被盗。推定全部损失指在物理意义上并没有全部灭失，但从经济角度看，对被保险人已经没有什么价值了，所以认定其已经全部损失。从保险角度讲，其判断的标准是修复的费用加上残值已经超过保险金额。在全都损失情况下，保险人应按照保险金额进行赔偿，如有残值存在，则保险人应收回残值。

（2）在被保险财产虽未达到全部损失，但有全部损失的可能，或其修复费用将超过本身价值时，被保险人可以将其残余价值利益，包括标的上的所有权和责任转移给保险人，即"委付"，而要求按照推定全部损失给予赔偿的一种意思表达。推定全部损失是"委付"的必要条件，但是委付是否能够被保险人所接受，那就是保险人的权利了。

2. 施救费用

施救费是指发生事故后为减少标的物的损失而采取抢救措施所花费的必要费用。在实践中，施救费用与防损费用容易混淆，从而产生争议，应在以下几点进行把握和理解。

（1）从时间上把握。以事故发生时间为界，施救费在后，防损费在前。在保险事故发生之前，被保险人为了防止和减少可能发生的损失而采取的必要措施所产生的费用属于"防止损失费用"。

（2）从费用的"必要性""合理性"和"有效性"上看，施救费必须是"必要的、合理的和有效的"。施救费通常理解为保险财产损失的替代费用，如果施救费不能够起到

"必要的、合理的和有效的"效果，就不可能起到替代作用，也就失去了实际意义。但在保险事故发生的紧急情况下，被保险人很难确保和鉴别哪些施救行为是"必要的、合理的和有效的"。常常因此与保险人发生争议。为此，在可能的前提下，要求被保险人在进行施救行为前尽量征得保险人的同意。再者，被保险人应对施救行为做出判断，即是否是正常人的选择，如果在没有保险的情况下，被保险人是否可能做出这样的选择。

（3）从施救费作为替代费用的角度出发，不应超过被施救标的实际价值。但是由于实施施救行为本身存在着风险，可能出现施救行为失败的情况，施救费没有起到替代的作用，保险人也要支付施救费用并赔偿保险标的损失。

（四）保额的减少与恢复

根据保险的对价原则，保险人收取保险费和承担保险责任是对应的。保险人在履行了赔偿责任后，保险责任也就相应地终止了，换句话讲，保险费用也就相应地消失了。一旦被保险人获得了全部赔偿，保险人就要收回保单终止保险合同。大多数情况出现的是部分损失，当保险标的部分出现损失，保险人对损失部分进行补偿后，保险人就应当出具批单，终止对已经赔偿部分的保险责任，即减少保险金额。为此，被保险人在保险合同项下的保险金额就相应减少了。如果被保险人希望继续得到充分的保障，就必须对损失修复部分进行保险金额的恢复。被保险人可以按照约定的费率追加保险费后恢复保险金额。追加部分的保险金额是按照损失或者赔偿的金额计算，保险期是按照损失发生之日算起，而不是从标的物恢复之日算起，这样做的目的是向被保险人提供更加充分的保障，因为受损标的在修复过程中也可能同样存在风险。

（五）第三者责任的赔偿

第三者责任损失的赔偿不同于物质损失赔偿。在责任保险中，保险标的是被保险人依法应当承担的责任，责任认定是关键。保险人要求对责任的认定有绝对的控制权，同时排除被保险人未经保险人同意擅自决定的权利。这是保险人承担保险责任的先决条件，如被保险人违反这一条，保险人有权拒绝承担风险责任。如果保险损失是由第三者造成的保险人在对被保险人进行赔偿后，就取得了代为追偿的权利。如果由被保险人的过失而导致保险人丧失了追偿的责任，或不能进行有效的和充分的追偿，则被保险人应当承担相应的后果，保险人可以扣减保险赔偿金额。同时，保险人有自行处理涉及第三者责任案件的权利，并要求被保险人对保险人的工作提供必要的支持，将其作为被保险人应尽的义务。

（六）索赔期限

索赔时效是指被保险人向保险人提出索赔的期限，一般建筑工程一切险规定从损失发生之日起不得超过两年。在这里，两年是指被保险人向保险人提供全套索赔单证、正式提出索赔的期限。我国建筑工程一切险规定的两年期限是依据《中华人民共和国保险法》的有关规定做出的。

（七）索赔的注意事项

工程保险索赔与投保工作是紧密相连的。投保工作的每一个环节都应从索赔的角度加以考虑，做到周密、细致、明确和具有可操作性，为索赔奠定基础。因为在保险合同签订时任何一个环节产生的模糊概念、疏忽遗漏都会对日后的索赔工作造成不利影响。另一个方面就是在事故发生后，要积极收集事故的证据，这一点是至关重要的。一是定性资料，即提供的资料一定能够说明事故在保险责任范围内的理由，并且证明事故不在除外责任之内。在定性方面，一般要查找分析引起事故的原因，是自然灾害还是人为事故。首先要在这方面进行详细的说明，因为自然灾害一般是人力无法抗拒的，一旦定性为自然灾害，保险责任就非常明确了。但在某些情况下，对于自然灾害的界定有时也是复杂的。在索赔中，对于意外事故造成的保险责任认定就更为复杂了，如果牵扯到一些人为因素，被保险人很容易和保险人引起纠纷；二是定量资料，即提供的资料要足以证实上报的损失是真实的，所提供的资料要实事求是，既要充分、翔实，又要保证各种资料间的关联性。尤其是一些无法考证的数据，要在施工日志、监理日志或者会议纪要上查找，拿出有利的证据。要完善索赔文件。索赔文件包含索赔报告、出险通知、损失清单、单价分析表及其他有关的证明材料。损失清单包括直接损失、施救费用和处理措施费用，事故的直接损失一旦定为保险责任，保险人必定负责赔偿。出险时的施救费用和处理措施费用，索赔人也要拿出有利证据要求保险人员根据合同条款进行赔偿。

六、国际工程保险制度的发展

国际公认的工程保险起源是来自英国的锅炉爆炸险，它的历史可追溯至 1856 年。当时的英国，有很多旨在防止锅炉爆炸事故发生的工程师团体，不过只是采取一些预防手段，尚不签发保单。直到 1866 年，美国的工程师仿照英国的这种模式，在哈特福德市成立了哈特福德蒸汽锅炉检查和保险公司，它收取一定的费用，定期为被保险人提供检测服务，并在锅炉或机器损失发生后提供经济补偿。

建筑工程保险，最早出现 20 世纪 20 年代的英国保险市场，并于 1929 年签发了第一份建筑工程一切险的保险单。1929 年，伦敦的跨越泰晤士河的拉姆贝斯桥（Lambeth Bridge）工程在建设时向保险公司购买了一份建筑工程一切险。这份保单标志着工程保险正式走向了建筑业。但是直到 1934 年，专用的工程保险的保单才被德国的某家保险公司设计出来，并慢慢流通于市场。

发展至今，国际工程保险市场已经衍生出了非常丰富的险种：建筑工程一切险、安装工程一切险、第三者责任险、合同风险以及承包者的设备保险机器损坏险、完工险和行业一切险、雇主责任险、潜在缺陷的风险、利润损失险业务中断险、十年责任险/两年责任险等等。国际工程的工程保险覆盖率达到 90% 以上。一般国际大型工程项目会委托专业风险管理机构和专业保险顾问（相当于保险经纪人或具有与保险经纪人同样职能）来负责工程项目的风险管理，这些专业的机构和个人凭借自己专业的风险管理和工程保险知识以及实践经验，受业主的委托向保险公司购买工程保险，为业主制定最优惠的工程保险方案争取最合理的保费，并提供购买保险后的后续服务。国际工程的风险管理组织由专业工程风险顾问和项目风险管理人员共同构成，风险管理组织是建设项目管理的组成部分。

第二节 建筑工程险

一、建筑工程险的相关方

（一）被保险人

凡在工程施工期间对工程承担风险责任的有关各方，即具有保险利益的各方均可作为被保险人。建筑工程保险的被保险人大致包括以下几方：

1. 业主（工程所有人，建设单位）。即提供场所，委托建造，支付建造费用，并于完工后验收的单位。

2. 工程承包商（施工单位或投标人）。即受业主委托，负责承建该项工程的施工单位。承包商还可分为总承包商和分承包商，分承包商就是向总承包商承包部分工程的施工单位。

3. 技术顾问。指由工程所有人聘请的建筑师、设计师、工程师和其他专业顾问、代表所有人监督工程合同执行的单位和个人。

4. 其他关系方，如发放工程贷款的银行等。

（二）投保人

投保人是指与保险人订立保险合同，并按照保险合同负有支付保险费义务的人。在一般情况下，投保人在保险契约生效后即为被保险人。

由于建筑工程保险可以同时有两个被保险人的特点，投保时应选出一方作为工程保险的投保人，负责办理保险投保手续，代表自己和其他被保险人交纳保险费，且将其他被保险人利益包括在内，并在保险单上清楚地列明。其中任何一位被保险人负责的项目发生保险范围之内的损失，都可分别从保险人那里获得相应的赔偿，无须根据各自的责任相互进行追偿。

在实践中，可根据建筑工程承包方式的不同来灵活选择投保人。一般以主要风险的主要承担者为投保人。目前，建筑工程承包方式主要有以下四种情况：

1. 全部承包方式。业主将工程全部承包给某一施工单位。该施工单位作为承包商负责设计、供料、施工等全部工程环节，最后将完工的工程交给业主。在这种承包方式中，由于承包商承担了工程的主要风险责任，可以由承包商作为投保人。

2. 部分承包方式。业主负责设计并提供部分建筑材料，承包商负责施工并提供部分建筑材料，双方都负责承担部分风险责任，可以由业主和承包商双方协商推举一方为投保人，并在承包合同中注明。

3.分段承包方式。业主将一项工程分成几个阶段或几部分，分别由几个承包商承包。承包商之间是相互独立的，没有合同关系。在这种情况下一般由业主作为投保人。

4.承包商只提供劳务的承包方式。在这种方式下由业主负责设计、提供建筑材料和工程技术指导，承包商只提供施工劳务，对工程本身不承担风险责任，这时应由业主作为投保人。

因此，从保险的角度出发，如是全部承包，应由承包商出面投保整个工程。同时把有关利益方列于共同被保险人。如非全部承包方式，最好由业主投保，因为在这种情况下如由承包商分别投保，对保护业主利益方面存在许多不足。

二、建筑工程险的保险标的

凡领有营业执照的建筑单位所新建、扩建或改建的各种建设项目均可作为建筑工程保险的保险对象。

1.各种土木工程，如道路工程，灌溉工程、防洪工程、排水工程、飞机场、铺设管道等工程。

2.各种建筑工程，如宾馆、办公楼、医院、学校、厂房等。

凡与以上工程建设有关的项目都可以作为建筑工程保险的保险标的。具体包括物质损失部分和责任赔偿部分两方面。

物质损失部分的保险标的主要包括：

1.建筑工程，包括永久性和临时性工程和物料。主要是指建筑工程合同内规定的建筑物主体、建筑物内的装修设备、配套的道路设备、桥梁、水电设施等土木建筑项目、存放在施工场地的建筑材料设备和为完成主体工程的建设而必须修建的主体工程完工后即拆除或废弃不用的临时工程，如脚手架、工棚等。

2.安装工程项目。是指以建筑工程项目为主的附属安装项目工程及其材料，如办公楼的供电、供水、空调等机器设备的安装项目。

3.施工机具设备。指配置在施工场地，作为施工用的机具设备。如吊车、叉车、挖掘机、压路机、搅拌机等。建筑工程的施工机具一般为承包人所有，不包括在承包工程合同价格之内，应列入施工机具设备项目下投保。有时业主会提供一部分施工机器设备，此对可在业主提供的物料及项目一项中投保。承包合同价或工程概算中包括购置工程施工所必需的施工机具费用时，可在建筑工程项目中投保。无论是哪一种情形，都要在施工机具设备一栏予以说明，并附清单。

4.邻近财产。在施工场地周围或邻近地点的财产。这类财产不在所有人或承包人所在工地内，可能因工程的施工而遭受损坏。

5.存放于工地范围内的用于施工必需的建筑材料及所有人提供的物料。既包括承包人采购的物料，也包括业主提供的物料。

6.场地清理费用。指保险标的受到损坏时，为拆除受损标的和清理灾害现场、运走废弃物等，以便进行修复工程所发生的费用。此费用未包括在工程造价之中。国际上的通行做法是将此项费用单独列出。须在投保人与保险人商定的保险金额投保并交付相应的保险费后，保险人才负责赔偿。

7.所有人或承包人在工地上的其他财产，也可以通过签订相应条款予以承保。

责任赔偿部分的保险标的即第三者责任。第三者责任险主要是指在工程保险期限内因被保险人的原因造成第三者（如工地附近的居民、行人及外来人员）的人身伤亡、致残或财产损毁而应由被保险人承担的责任范围。

三、建筑工程保险的责任范围与除外责任

（一）建筑工程保险的责任范围

1.物质损失部分的责任范围

（1）洪水、水灾、暴雨、潮水、地震、海啸、雪崩、地陷、山崩、冻灾、冰雹及其他自然灾害。

（2）雷电、火灾、爆炸。

（3）飞机坠毁、飞机部件或物件坠落。

（4）盗窃。指一切明显的偷窃行为或暴力抢劫造成的损失。但如果盗窃由被保险人或其代表授意或默许，则保险人不予负责。

（5）工人、技术人员因缺乏经验、疏忽、过失、恶意行为对于保险标的所造成的损失。其中恶意行为必须是非被保险人或其代表授意、纵容或默许的，否则不予赔偿。

（6）原材料缺陷或工艺不善引起的事故。这种缺陷所用的建筑材料未达到规定标准，往往属于原材料制造商或供货商的责任，但这种缺陷必须是使用期间通过正常技术手段或正常技术水平下无法发现的，如果明知有缺陷而仍使用，造成的损失属故意行为所致，保险人不予负责；工艺不善指原材料的生产工艺不符合标准要求，尽管原材料本身无缺陷，但在使用时导致事故的发生。本条款只负责由于原材料缺陷或工艺不善造成的其他保险财产的损失，对原材料本身损失不负责任。

（7）除本保单条款规定的责任以外的其他不可预料的自然灾害或意外事故。

（8）现场清理费用。此项费用作为一个单独的保险项目投保，赔偿仅限于保险金额内。如果没有单独投保此项费用，则保险人不予负责。

保险人对每一保险项目的赔偿责任均不得超过分项保险金额以及约定的其他赔偿限额。对物质损失的最高赔偿责任不得超过总保险金额。

2. 第三者责任险的责任范围

建筑工程保险的第三者指除保险人和所有被保险人以外的单位和人员不包括被保险人和其他承包人所雇用的在现场从事施工的人员。在工程期间的保单有效期内因发生与保单所承保的工程直接相关的意外事故造成工地及邻近地区的第三者人身伤亡或财产损失，依法应由被保险人承担经济赔偿责任时，均可由保险人按条款的规定赔偿，包括事先经保险人书面同意的被保险人因此而支出的诉讼及其费用，但不包括任何罚款，其最高赔偿责任不得超过保险单明细表中规定的每次事故赔偿限额或保单有效期内累计赔偿限额。

（二）建筑工程保险的除外责任

1. 物质损失与第三者责任险通用的除外责任

（1）战争、敌对行为、武装冲突、恐怖活动、谋反、政变引起的损失、费用或责任。

（2）政府命令或任何公共当局的没收、征用、销毁或毁坏。

（3）罢工、暴动、民众骚乱引起的任何操作、费用或责任。

（4）核裂变、核聚变、核武器、核材料、核辐射及放射性污染引起的任何损失费用和责任。

（5）大气、土地、水污染引起的任何损失费用和责任。

（6）被保险人及其代表的故意行为和重大过失引起的损失费用或责任。

（7）工程全部停工或部分停工引起的损失、费用和责任。在建筑工程长期停工期间造成的一切损失，保险人不予负责；如停工时间不足 1 个月，并且被保险人在工地现场采取了有效的安全防护措施，经保险人事先书面同意，可不作本条停工除外责任论，对于工程的季节性停工也不作停工论。

（8）罚金、延误、丧失合同及其他后果损失。

（9）保险单规定的免赔额。保险单明细表中规定有免赔额，免赔额以内的损失，由被保险人自负，超过免额部分由保险人负责。

2. 物质损失的特殊除外责任

（1）设计错误引起的损失、费用和责任。建筑工程的设计通常由被保险人雇用或委托设计师进行设计，设计错误引起损失费用或责任应视为被保险人的责任，予以除外；设计师错误设计的责任可由相应的职业责任保险提供保障，即由职业责任险的保险人来赔偿受害者的经济损失。

（2）自然磨损、内在或潜在缺陷、物质本身变化、自燃、自热、氧化、氧蚀、渗漏、鼠咬、虫蛀、大气（气候或气温）变化、正常水位变化或其他渐变原因造成的被保险财产自身的损失和费用。

（3）因原材料缺陷或工艺不善引起的被保险财产本身的损失以及为换置、修理或矫正这些缺点错误所支付的费用，由于原材料缺陷或工艺不善引起的费用属制造商或供货商的，保险人不予负责。

（4）非外力引起的机械或电器装置损坏或建筑用机器、设备、装置失灵造成的本身损失。

（5）维修保养或正常检修的费用。

（6）档案、文件、账簿、票据、现金、各种有价证券、图表资料及包装物料的损失。

（7）货物盘点时的盘亏损失。

（8）领有公共运输用执照的车辆、船舶和飞机的损失。领有公共运输执照的车辆、船舶和飞机，它们的行驶区域不限于建筑工地，应由各种运输工具予以保障。

（9）除非另有约定，在被保险工程开始以前已经存在或形成的位于工地范围内或其周围的属于被保险人的财产损失。

（10）除非另有约定，在保险单保险期限终止以前，被保险财产中已由业主签发完工验收证书或验收合格或实际占有或使用接收的部分。

3. 第三者责任险的特殊除外责任

（1）保险单物质损失项下或本应在该项下予以负责的损失及各种费用。

（2）业主、承包商或其他关系方或他们所雇用的在工地现场从事与工程有关工作的职员、工人以及他们的家庭成员的人身伤亡或疾病。

（3）业主、承包商或其他关系方或他们所雇用的职员、工人所有的或由其照管、控制的财产的损失。

（4）领有公共运输执照的车辆、船舶和飞机造成的事故。

（5）由于震动、移动或减弱支撑而造成的其他财产、土地、房屋损失或由于上述原因造成的人身伤亡或财产损失；本项内的事故指工地现场常见的、属于设计和管理方面的事故，如被保险人对这类责任有特别要求，可作为特约责任加保。

（6）被保险人根据与他人的协议应支付的赔偿或其他款项，但即使没有这种协议，被保险人应承担的责任也不在此限。

四、建筑工程保险的保金与赔偿限额

由于建筑工程保险的保险标的包括物质损失部分和第三者责任部分。对于物质损失部分要确定其保险金额，对于第三者责任部分要确定赔偿限额。此外，对于地震、洪水等巨灾损失，保险人在保险单中也要专门规定一个赔偿限额，以限制承担责任的程度。

1. 物质损失部分的保险金额。建筑工程保险的物质损失部分的保险金额为保险工程完工时的总价值，包括原材料费用、设备费用、建造费、安装费、运杂费、保险费、关税、其他税项和费用以及由业主提供的原材料和设备费用。

各承保项目保险金额的确定如下：

（1）建筑工程的保险金额为工程完工时的总造价，包括设计费、材料设备费、施工费、运杂费、保险费、税款及其他有关费用。一些大型建筑工程如果分若干个主体项目，也可以分项投保；如有临时工程，则应单独立项，注明临时工程部分和保险金额。

（2）业主提供的物料和项目。其保险金额可按业主提供的清单，以财产的重置价值确定。

（3）建筑用机器设备。一般为承包商所有，不包括在建筑合同价格内，应单独投保。这部分财产一般应在清单上列明机器的名称、型号、制造厂家、出厂年份和保险金额。保险金额按重置价值确定，即按重新换置和原机器装置、设备相同的机器设备价格为保险金额。

（4）安装工程项目。若此项已包括在合同价格中，就不必另行投保，但要在保险单中注明。本项目的保险金额应按重置价值确定。应当注意的是，建筑工程保险承保的安装工程项目，其保险金额应不超过整个工程项目保险金额的20%。如超过20%，应按安装工程保险的费率计收保费。如超过50%，则应单独投保安装工程保险。

（5）工地内现成的建筑物及业主或承包商的其他财产。这部分财产如需投保，应在保险单上分别列明，保险金额由保险人与被保险人双方协商确定，但最高不能超过其实际价值。

（6）场地清理费的保险金额应由保险人与被保险人共同协商确定。但一般大的工程不超过合同价格或工程概算价格的5%，小工程不超过合同价格或工程概算价格的10%。

2. 第三者责任保险赔偿限额。第三者责任保险的赔偿限额通常由被保险人根据其承担损失能力的大小、意愿及支付保险费的多少来决定。保险人再根据工程的性质、施工方法、施工现场所处的位置、施工现场周围的环境条件及保险人以往承保理赔的经验与被保险人共同商定，并在保险单内列明保险人对同一原因发生的一次或多次事故引起的财产损失和人身伤亡的赔偿限额。该项赔偿限额共分四类：

（1）每次事故赔偿限额，其中对人身伤亡和财产损失再制定分项限额。

（2）每次事故人身伤亡总的赔偿限额。可按每次事故可能造成的第三者人身伤亡的总人数，结合每人限额来确定。

（3）每次事故造成第三者的财产损失的赔偿限额。此项限额可根据工程具体情况估定。

（4）对上述人身和财产责任事故在保险期限内总的赔偿限额。应在每次事故的基础上，估计保险期限内保险事故次数确定总限额，它是计收保费的基础。

3. 特种危险赔偿限额。特种危险赔偿指保单明细表中列明的地震、洪水、海啸、暴雨、风暴等特种危险造成的上述各项物质财产损失的赔偿。赔偿限额的确定一般考虑工地所处的自然界地理条件、该地区以往发生此类灾害事故的记录以及工程项目本身具有的抗御灾害能力的大小等因素，该限额一般占物质损失总保险金额的50%~80%之间，不论发生一次或多次赔偿，均不能超过这个限额。

4. 扩展责任的保险金额或赔偿限额。扩展责任（Extended Liability）是在原有保险责任基础上扩充或增加的特别责任。一般是在原保险条款基础上附加扩展责任条款，增加保险责任项目，或者把原保险责任中具体事项的解释放宽，如扩展存仓期限等。多数人在投保时都认为投保了"工程一切险",就包含了工程中的所有风险,其实不然,工程一切险有很多限制。特别是在特殊风险和导致损失的原因方面有较多的限制,如因设计错误、非外力引起的机械电器装置的损坏,自然环境因素造成的保险财产自身的损失和费用,保险公司是不赔偿的。也就是在保险合同的除外责任中注明的条款以及需要单独说明的条款。

工程保险扩展责任保险金额或赔偿限额的确定方式有以下几种:

(1)财产类风险,按照财产保险确定保险金额的方式进行。如施工用机器、装置和机械设备,按重置同种型号、同负载的新机器、装置和机械设备所需的费用确定保险金额。工程所有人或承包人在工地上的其他财产可按照重置价或双方约定的方式确定保险金额。

(2)费用类风险,按照第一危险赔偿方式确定,如专业费用、清除残骸费用等。所谓第一危险赔偿方式就是按照实际损失价值予以赔偿。

(3)责任类风险,按照限额的方式予以确定。

五、建筑工程保险的免赔额

免赔额是指保险事故发生,使保险标的受到损失时,损失在一定限度内保险人不负赔偿责任的金额。由于建筑工程保险是以建造过程中的工程为承保对象,在施工过程中,工程往往会因为自然灾害、工人、技术人员的疏忽、过失等造成或大或小的损失。这类损失有些是承包商计算标价时需考虑在成本内的,有些则可以通过谨慎施工或采取预防措施加以避免。这些损失如果全部通过保险来获得补偿并不合理。因为即使损失金额很少也要保险人赔偿,那么保险人必然要增加许多理赔费用,这些费用最终将反映到费率上去,会增加被保险人的负担。规定免赔额后,既可以通过费率上的优惠减轻了被保险人的保费负担,同时在工程发生免赔额以下的损失时,保险人也不需派人员去理赔,从而减少了保险人的费用开支。特别是还有利于提高被保险人施工时的警惕性,从而谨慎施工,减少灾害。

按照建筑工程一切险保险项目的种类,主要有以下几种免赔额:

1. 建筑工程免赔额。该项免赔额一般 2000~50000 美元或为保险金额的 0.5%~2%,对自然灾害的免赔额大一些,其他危险则小一些。

2. 建筑用机器装置及设备。免赔额一般为 500~1000 美元,也可定损失金额的 15%~20%,以高者为准。

3. 其他项目的免赔额。一般为 500~2000 美元或为保险金额的 2%。

4. 第三者责任保险免赔额。第三者责任保险中仅对财产损失部分规定免赔额,按每次事故赔偿限额的 1%~2‰ 计算,具体由被保险人和保险人协商确定。除非另有规定,第三者责任保险一般对人身伤亡不规定免赔额。

5. 特种危险免赔额。特种危险造成的损失使用特种免赔额,视风险大小而定。保险人只对每次事故超过免赔部分的损失予以赔偿,低于免赔额的部分不予赔偿。

六、建筑工程保险费率

1. 费率制定的影响因素

（1）承保责任的范围；

（2）工程本身的危险程度；

（3）承包商和其他工程方的资信情况、技术人员的经验、经营管理水平和安全条件；

（4）同类工程以往的损失记录；

（5）工程免赔额的高低、特种危险赔偿限额及第三者责任限额的大小。

2. 费率项目

（1）建筑工程、业主提供的物料及项目、安装工程项目、场地清理费工地内已有的建筑物等各项为一个总费率，整个工期实行一次性费率。

（2）建筑用机器装置、工具及设备为单独的年度费率，如保险期限不足一年，则按短期费率收取保费。

（3）第三者责任险部分实行整个工期一次性费率。

（4）保证期实行整个保证期一次性费率。

（5）各种附加保障增加费率实行整个工期一次性费率。

七、建筑工程保险的期限

1. 期限的确定

（1）主保期限的确定。普通财产保险的保险期一般为 12 个月，但建筑工程一切险的保险期限原则上是根据工期来加以确定，并在保单明细表上予以明确。保险人对于保险标的实际承担责任的时间应根据具体情况确定，并在保险单明细表上予以明确，它是一个不确定的时间点。对于主保期开始的时间，可由以下三个时间点确定：

1）以工地动工时间为起点。是指以被保险人的施工队伍进入工地进行破土动工的时间作为保期的起点。当然，如果只举行一个开工典礼仪式，施工队伍并未进入现场则不能视为工程开工。

2）以材料运抵工地作为起点。是指以用于保险工程的材料、设备从运输工具上运到工地，由承运人交付给保险人的时间作为保险期限的原始时间。由被保险人自行采购并用自己的车辆将设备运回工地的，在车辆进入工地之后、卸货之前发生的保险责任保险人不予负责。对此类风险被保险人应根据具体情况投保一个相应的一揽子预约运输保险合同。

3）以保单生效日作为起点。这个时间点较为明确，即保单上列明的保险起始日期。这是保险期起始时间的"上限"。在任何情况下，建筑安装保险期限的起始时间均不得早于本保险单列明的保险生效日期；它对其他的保险生效方式起到限制作用。"保险责任自被保险工程在工地动工或用于被保险工程的材料、设备运抵工地之日起"的条件是它们的时间点必须在保单生效之后，否则，就以保单生效日为准。

（2）主保期终止的时间，可由以下三个时间点确定。

1）以签发完工验收证书或验收合格为终点。业主或工程所有人对部分或全部工程签发完工验收证书或验收合格作为保险期终止日期。这是以签发完工验收证书和验收合格两个行为作为标志的。工程验收分为正式验收与非正式验收。正式验收是指由业主与有关工程质检部门对工程质量进行查验，验收合格的签发验收证书或竣工证书。非正式验收是指对于某一相对独立的工程完工后，业主需使用或占用相对独立的部分，往往向施工单位提出要求，由业主对项目进行的验收。但通过业主检验合格后，并未对其签发验收证书或竣工证书。就工程保险而言，只要是被保险工程或其中一部分项目被验收并验收合格，保险人对此工程或其中一部分的保险责任则即告终止。对部分或全部工程的规定，主要是因为建设工程项目可能是由若干单位工程组成，这样就有可能出现单位工程竣工和验收与整个建设工程竣工与验收不一致。即使建设工程投保的是一个单位工程，在其建设过程中某一分部工程或分项工程可能出现分阶段交付的现象，这里主要是解决部分工程的验收问题。

2）以业主或所有人实际占有或使用或接收为终止时间：该工程所有人实际占有、使用、接收该部分或全部工程之时作为保期终止时间点，是以业主或工程所有人实际"占有""使用""接收"这三个行为作为标志终止保险日期的。

3）以保险终止日作为保期终止时间点。保单上明确的终止日期是保险期限的"下限"，为其他方式对终止时间的判定做了限制。工程所有人对部分或全部工程签发完工验收证书、验收合格、工程所有人实际占有、使用、接收该部分或全部工程之时终止的条件必须在保单上明确的终止日期之前，否则就以保单终止日期为准。

2.试车期的确定

试车是对试车期和考核期的统称，条款主要是针对安装项目。它是指机器设备在安装完毕后、投入生产性使用前，为了保证正式运行的可靠性、准确性所进行的试运转期间。试车按性质可分为"冷试""热试"和试生产。"冷试"是指设备进行机械性的试运行，不投料；"热试"是指设备进行生产性的试运行，进行投料运行；较长周期的"热试"则称为试生产，主要是考核设备的生产能力和稳定性，所以试生产也称为"考核期"。

强调试车期和考核期的具体时间以保险单明细表中的规定为准。被保险人不能因为与业主签订的安装合同中的试车期和考核期不同于保险单的规定，要求保险人对期外发生的有关损失负责赔偿，也不能因为被保险人与业主在合同执行过程中的种种原因，对试车期和考核期进行调整或修改，而要求保险人对期外发生的有关损失负责赔偿。

安装前已被使用过的设备或转手设备的试车风险除外。对这两类设备，保险人只负责其在试车之前的风险，一旦投入试车，保险责任即告终止。

保险单中为试车提供的保险保障期限一般是紧临在安装期之后的一个明确的期限，保单所提供的试车期保险期限应根据安装工程项目的具体情况而定，但一般不超过3个月。对于保险期的延展，被保险人需征得保险人的书面同意，否则，保险公司不负责赔偿。

3.保证期的确定

保证期是指根据工程合同的规定，承包商对于所承建的工程项目在工程验收并交付使用之后的预定期限内，如果建筑物或被安装的机器设备存在缺陷，甚至造成损失，承包商对这些缺陷和损失应承担修复或赔偿的责任。这个责任期为保证期，被保险人可根据需要扩展工程项目的保证期。工程缺陷保险是一个相对独立的保险，是否扩展完全取决于被保险人，其保险责任范围是专设的，保证期也是相对独立的。

工程保险保证期的期限是根据工程合同中的有关规定确定的，受保险单明细表列明的保证期、保险期限的限制。工程合同中的保证期超过保险单列明的明细表中的保证期限的，以保单中的规定为准。工程合同中的保证期如果低于保险单明细列表的保证期限，则以合同中规定的保证期为准。

保证期是一个相对的时间概念，它规定的仅仅是一个期限，至于项目保证期具体从哪一天开始，则要根据工程所有人对全部或部分工程签发完工验收证或验收合格，或工程所有人实际占有、使用、接收该部分或全部工程时起算，以先发生者为准。

八、建筑工程险的保险总则

一般建筑工程一切险都设有总则部分，对合同条款进行总的说明。我国建筑工程一切险条款总则部分，共包括10项：保单效力、保单无效、保单终止、权益丧失、合理查验、比例赔偿、重复保险、权益转让、争议处理、特别条款。

1.保单效力

保单效力是指保险人承担责任的前提条件。被保险人严格地遵守和履行保险单的各项规定，是保险公司在保险单项下承担赔偿责任的先决条件，强调保险人承担赔偿责任的前提是被保险人必须遵守保险合同的所有规定，尤其是应该承担的义务。

2.保单无效

我国建筑工程一切险规定，如果被保险人或其他代表漏报、错报、虚报或隐瞒有关保险的实质性内容，则保险单无效，强调了被保险人的诚信义务。

如果被保险人在投保时或投保之后故意隐瞒事实，不履行如实告知的义务，则将构成不诚实或欺诈行为，此合同将不受法律保护。

3.保单终止

保险单将在被保险人丧失保险利益，承保风险扩大的情况下自动终止，保险单终止后，保险公司将按日比例退还被保险人保险单项下未到期部分的保险费。投保人及被投保人必须对保险标的具有保险利益，合同才能有效，丧失保险利益可能是由于工程业主将在建工程所有权全部或部分出让，也就是原业主对该项目的所有权全部或部分发生变更；业主与工程承包商的承包合同终止等情况。承保风险扩大是指保险合同有效期内保险标的危险程度增加，保险人有权加收保险费或终止保险合同。若被保险人未履行风险增加通知的义务，由此项危险增加而引起的保险事故，保险人不承担赔偿责任。

4. 权益丧失

权益丧失是指如果任何索赔含有虚假成分、被保险人或其代表在索赔时采取欺诈手段企图在保险单项下获取利益，或任何损失是由被保险人或其代表的故意行为或纵容所致，被保险人将丧失其在保险单项下的所有权益。对由此产生的包括保险公司已支付赔款在内为一切损失，应当由被保险人负责赔偿。被保险人对保险事故的发生或办理索赔有虚假、欺诈行为，则将丧失其在保单项下的所有权益，保险人有权对有关损失拒绝赔偿；向被保爱人追回赔偿保险金及其他损失如费用、利息等。

5. 合理查验

合理查验是指保险公司的代表有权在任何时候对被保险财产的风险情况进行现场查验。被保险人应提供一切便利及保险公司要求的用以评估有关风险的详情和资料。但上述查验并不构成保险公司对被保险人的任何承诺。合理查验是保险人的权利，被保险人应给予充分的配合。查验并不等于承保人对标的现状的任何认同。

6. 比例赔偿

在发生保险物质损失项下的损失时，若受损保险财产的分项或总保险金额低于对应保险金额，其差额部分视为被保险人所自保，保险公司则按保险单明细表中列明的保险金额与实际保险金额的比例负责赔偿。在发生损失时，保险金额低于实际保险金额时，保险人对有关损失将按比例承担赔偿责任。损失仅限于某些项目损失，而保险单内不同的保险项目有对应的保险金额，实行比例赔偿应适用于有关的分项。比例赔偿的计算方法如下：

保险损失金额 = 实际损失金额 × 某项目保险金额，某项目应投保金额比例赔偿不适用以下两种情况：一是双方约定以工程概算总造价投保，且被保险人认真履行了保险合同规定的义务，则不存在比例赔偿问题；二是比例赔偿不适用保险金额为第一危险方式的有关项目，如清理残骸费用、专业费用等。

7. 重复保险

保险单负责赔偿损失、费用或责任时，若另有其他相同的保险存在，不论是否由保险人或他人以其名义投保，也不论该保险赔偿与否，保险公司仅负责按比例分摊赔偿的责任。重复保险不一定都是指工程保险，可以是应对发生的保险事故予以负责的任何保险。重复保险的存在，并不一定会对有关保险事故做出赔偿。因为根据免赔额的规定，重复保险不需要承担给付保险金的责任；另外，重复保险有更为严格的规定，如其他保险存在，该保险不承担任何赔偿责任。

8. 权益转让

若保险单项下负责的损失涉及其他责任方时，不论保险公司是否已赔偿被保险人，被保险人应立即采取必要的措施行使或保留向该责任方索赔的权利。在保险公司支付赔款后，被保险人应将向该责任方追偿的权力转让给保险公司，移交一切必要的单证，并协助保险公司向责任方追偿。在财产保险中，如果标的发生保险责任范围内的损失是由第三者的侵权行为造成的，被保险人即对其拥有请求赔偿的权利。而保险人在按照保险合同的约定给付了保险金之后，即有权取代被保险人的地位，以被保险人或自己的名义向第三者提出索赔，获得被保险人在该损失项下要求责任人赋予赔偿的一切权利。保险人的这种行为叫作"代位求偿"，所享受的权利称为"代位求偿权"。

9. 争议处理

被保险人与保险公司之间的一切有关保险的争议应通过友好协商解决。如果协商不成，可申请仲裁或向法院提出诉讼。除事先另有协议外，仲裁或诉讼应在被告方所在地进行。保险双方发生争议是不可避免的，所以保险合同对此做出相应的规定，如果双方产生争议，要以友好协商为原则，通过协商加以解决，如果协商未果，再采取仲裁或诉讼的方式。一般而言，保险人作为被告方，仲裁或诉讼在被告方所在地进行，有利于维护保险人的利益，符合我国民事诉讼法中"原告就被告"的原则。

10. 特别条款

特别条款适用于保险单的各个部分，若其与保险单的其他规定相冲突，则以特别条款为准。尽管工程保险条款是针对工程建设中的风险特点而制定的，但是由于工程项目种类繁多、情况复杂、风险各异，所以工程保险的条款是针对工程项目中的共性而言的，如果用这种统一的条款去使用，显然满足不了被保险人的需要，因此，保险人为了弥补这一缺陷，制定了特别条款。特别条款又称附加条款，根据其作用与性质可分为三类：一是扩展条款，是指对保险范围进行扩展的条款，其中包括扩展保险责任类、扩展保险标的类和扩展保险期限类；二是限制性条款，是指对保险范围进行限制的条款，其中包括：限制保险责任类和限制保险标的类；三是规定性特别条款，是针对保险合同执行过程中的一些重要问题，或是就需要明确的问题进行规定，以免产生误解和争议的条款。

九、基于大数据的建筑施工安全风险管理

在明晰施工安全事故风险源之后，可以利用大数据技术帮助施工企业进行现场安全管理，提高管理效率和质量。

1. 基于大数据进行建筑施工安全风险管理的理论基础施工安全大数据作为重要的数据基础，对施工安全风险管理数据化有极大的作用。通过运用大数据思维，物联网、云计算等大数据技术，能够有效解决风险管理出现的问题，优化建筑施工安全风险管理。

（1）大数据

大数据思维是将采集到的经验与现象等数据进行数据化和规律化处理。综合运用统计学、人工智能、数据挖掘等方法的优势，统筹融合处理数据，以一种更可靠的、高效的形式挖掘多源异构数据。本质上就是从"计算为中心"转变到"数据处理为中心"，是一种新的数据处理思维。

目前大数据已得到广泛运用，例如在公安系统，通过采集居民数据，将整个区域以数据的形式展现在平台上，追踪定位不法分子，进行高效便捷的管控，从而降低管控难度。

（2）物联网

物联网技术在建筑施工领域的运用较为广泛。物联网是在互联网的基础上，不局限于网络之间，而是延伸至所有物品与物品之间，实现物与物之间的联结和信息交互，是重要的信息技术。在施工过程中，利用物联网技术可以将施工现场的所有信息在网络中显示。物联网的强大映射功能，有助于形成大数据。因此在形成施工安全大数据库时，物联网作为重要支撑环节进行数据采集，保障数据的有效性和可靠性。

（3）云计算

云技术的核心是云计算。通过互联网连接实现巨大的数据收集、运算、结果汇总、结果反馈，需要庞大的计算量，云计算能在短时间内提供极速运算服务。

2. 基于大数据的建筑施工安全风险管理流程

基于大数据进行施工安全风险管理的第一步是进行风险识别。风险识别主要是对施工过程中的人员、材料、机械、环境和管理进行识别。利用传统手段进行数据识别，如直接经验法、对照检查表法等，加上大数据技术性分析得到最终的综合性风险识别结果。数据来源有以下几种：一是利用物联网技术对施工现场进行监控，如红外感应器、RFID、定位系统等智能传感器将施工现场的人才机环管 5 大要素用互联网联系起来，形成数据化管理，达到同步检测、实时监控；二是将国家相关的法律法规纳入安全生产数据库中，运用机械语言通过计算机编程进行风险识别；三是行业内的历史安全事故数据，通过大数据技术实现关联分析，并获取数据中的价值规律，从而指导风险管理。

施工安全风险管理不只是形成数据库。在建立施工安全大数据库之后，再进行实时的数据采集，对风险进行评价分级。对安全生产大数据库的海量数据资源进行整合，利用大数据技术对数据进行关联分析及置信度分析，相较于传统风险评价分级的优势在于可以获取不易发现的风险要素信息。

关联及置信度分析之后，对施工安全事故发生的可能性和严重程度进行分级设计，以人才机环管 5 大要素及时间、空间、系统等要素确定分级指标，最终形成施工安全风险评价分级模型，帮助各参与方更好地进行施工安全管理。

在对风险进行评价分级之后，可以利用大数据技术建立风险预警预控模型，有效预防施工安全事故的发生。在现场管理中，利用机械学习法优化自动预警功能；施工安全大数据库中的预警、报警历史统计数据作为基础数据资源，根据关联分析与可信度分析预测安全风险发生的趋势；再利用物联网等技术对施工现场的数据进行实时采集、存储和分析，通过大数据流处理技术对数据进行动态监测，优化实时预警功能。在风险预警过程中，发出预警信息的时候，利用大数据的特点，同步提出针对不同预警状态的预防措施，为施工现场安全风险管理决策提供支撑。

通过风险预警，将安全风险数据发布至平台中，并存储至施工安全大数据库中，不断优化数据库和风险管理流程，做到科学、高效、精准管理。

第三节　安装工程险

一、安装工程保险的特点

安装工程一切险和建筑工程一切险在形式和内容上都具有相似或相同之处，两者是承保工程项目中相辅相成的一对工程保险。但安装工程保险与建筑工程保险相比较，仍有些显著区别。

1. 承保标的为安装项目。安装工程一切险的承保对象主要是以重、大型机器设备的安装工程在安装期限内，因自然灾害和意外事故时遭受物质损失或第三者责任损失为标的保险。虽然大型机器设备的安装需要在一定范围及一定程度上的土木工程建筑上，但这种建筑只是为安装工程服务的，其标的物主要是安装项目。建筑工程一切险则是以土木建筑和第三者责任为标的物的保险险种，而安装项目则是为土木建筑项目服务的。

2. 试车、考核和保证期风险最大。建筑工程保险的保险标的逐步增加，风险责任也随着保险标的的增加而增加。安装工程与建筑工程相比较，安装工程标的价值是相对稳定的，保险标的物在进入工地后，从一开始保险人就负有全部的风险责任。安装工程中的机械设备只要不进行运转，风险一般就不会发生或发生的概率比较低。虽然风险事故发生与整个安装过程有关，但只有到安装完毕后的试车、考核和保证期中各种问题才能够暴露出来，因此，安装工程事故也大多发生在安装完毕后的试车、考核和保证阶段。而建筑工程标的物是动态的，标的物的价值是逐步形成、逐步增加的。建筑工程一切险的标的物风险贯穿于施工的过程，无论是施工初期还是完工期，每一个环节都有发生各种风险的可能性。

3. 安装工程一切险主要是人为风险。机械设备本身是技术的产物，承包人对其安装和试车更是专业技术性较强的工作，在安装施工中，机械设备本身的质量、安装者的技术状态和责任心以及安装过程中的电、水、气供应和施工设备、施工方式等都是导致风险发生的主要因素。虽然安装工程也面临着自然风险，但安装工程标的物多数在建筑物内，受自然灾害风险影响的因素较小，主要面临的是人为风险。建筑工程一切险标的物暴露性较强，其风险因素主要是遭受灾害或意外损失的可能性较大。

4. 建筑工程保险不负责因设计错误而造成的损失，而安装工程保险虽然不负责因设计错误造成的安装工程项目的本身损失，但负责设计错误而引起的其他保险标的的损失。

5. 安装工程交接前必须通过试车考试，相应保险的费率比较高，而建筑工程无试车风险。

二、安装工程保险的被保险人

所有对安装工程的保险项目具有可保利益的有关方均可成为安装工程保险的被保险人。主要有以下几方：

1. 业主，即工程所有人。

2. 工程承包商，即负责安装该项目工程的承包单位。包括总承包商和分承包商。

3. 供货人，即负责提供被安装机器设备的一方。

4. 制造商，即被安装机器设备的制造人。

5. 技术顾问。

6. 其他关系方，如贷款银行。

安装工程实际投保时应视承包方式的不同而确定投保人。安装工程主要有以下承包方式：

1. 全部承包方式。即业主将所有机器设备的供应及全部安装工程包给承包商，由承包商负责设计、制造、安装、调试及保证期等全部工程内容，最后将完成的安装工程交给业主。

2. 部分承包方式。即业主负责提供被安装的机器设备，承包商负责安装和试车，双方都承担部分风险责任。

3. 分段承包方式。业主将一项工程分成几个阶段或几个部分，分别由几个承包商承包，承包商之间是相互独立的，没有合同关系。

一般来说，在全部承包方式下，由承包商作为投保人投保整个工程的安装工程保险。同时把有关利益方列为共同被保险人。如非全部承包方式，最好由业主投保。

三、安装工程保险的保险标的

安装工程保险的保险对象为各种工厂、矿山安装机器设备、各种钢结构工程以及包含机械工程因素的建筑工程。

在安装工程施工现场的物品都可以作为安装工程保险的保险标的。具体包括物质损失部分和责任赔偿部分两方面。物质损失部分的保险标的主要有：

1. 安装项目。包括被安装的机器、设备、装置、物件、基础工程以及工程所需的各种设施，如水、电、照明、通信设施等。安装项目是安装工程保险的主要保险项目。安装工程主要有三类：

（1）新建工厂、矿山或某一车间生产线安装的成套设备。

（2）单独的大型机械装置，如发电机组、锅炉、巨型吊车等组装工程。

（3）各种钢结构建筑物，如储油罐、桥梁、电视发射塔之类的安装，管道、电缆的铺设工程等。

2. 土木建筑工程项目。指新建、扩建厂矿必须有的土建项目，如厂房、仓库、道路、水塔、办公楼、宿舍等。如果该项目已包括在上述安装项目内，则不必另行投保，但要在保单中说明。

3.安装施工用机器设备。施工机具设备一般不包括在承包合同价格内，如果要投保可列入此项。

4.场地清理费。

5.业主或承包商在工地上的其他财产。指不包括在承包工程范围内的，业主或承包商所有的或其保管的工地内已有的建筑物或财产。

责任赔偿部分的保险标的即为第三者责任保险。

四、安装工程保险的责任范围与除外责任

（一）安装工程保险的责任范围

1.物质损失部分的责任范围

在保险期限内，安装工程一切险对保险单中的被保险财产在列明的工地范围内，因保险单除外责任以外的任何自然灾害或意外事故造成的物质损失均予赔偿。

（1）洪水、火灾、暴雨、冻灾、冰雹、地震、地陷、海啸及其他自然灾害。

（2）火灾、爆炸。

（3）空中运行物体坠落。

（4）超负荷、超电压、碰线、电弧、走电、短路、大气放电及其他电气引起的其他财产的损失。

（5）安装技术不高引起的事故。

2.第三者责任险的责任范围

在安装工程保险的保险期限内，因发生与保险单所承保的工程直接相关的意外事故引起工地内及邻近地区的第三者人身伤亡、疾病或财产损失，依法应由被保险人承担经济赔偿责任时，保险人按条款的规定负责赔偿。对被保险人因此而支付的诉讼费用以及事先经保险人书面同意支付的其他费用，保险人也可按条款的规定负责赔偿。

（二）安装工程保险的除外责任

1.物质损失的特殊除外责任

（1）因设计错误、铸造或原材料缺陷或工艺不善引起的本身损失以及纠正这些缺陷错误所支出的费用；

（2）由于超负荷、超电压、碰线、电弧、超电、短路、大气放电及其他电气原因造成电气设备或电气用具本身的损失；

（3）自然磨损、内在或潜在缺陷、物质本身变化、自燃、白热、氧化、锈蚀、渗漏鼠咬、虫蛀、大气（气候或气温）变化、正常水位变化或其他渐变原因造成的被保险财产自身的损失与费用；

（4）非外力引起的施工用具、设备、机械装置失灵造成的本身损失；

（5）维修保养或正常检修的费用；

（6）档案、文件、账簿、票据、现金、各种有价证券、图表资料及包装物料的损失；

（7）货物盘点时的盘亏损失；

（8）领有公共运输用执照的车辆、船舶、飞机的损失；

（9）除非另有约定，在被保险工程开始以前已经存在或形成的位于工地范围内或其周围的属于被保险人的财产损失；

（10）除非另有约定，在保险单保险期限终止以前，被保险人财产中已由业主签发完工验收证书、验收合格、实际占有、使用或接收的部分。

2. 第三者责任险的特殊除外责任

（1）保险单物质损失项下或本应在该项下予以负责的损失及各种费用；

（2）业主、承包商或其他关系方或他们雇用在工地现场从事与工程有关工作的职员、工人以及他们的家庭成员的人身死亡或疾病；

（3）业主、承包商或其他关系方或他们所雇用职员、工人所有的或由其照管、控制的财产损失；

（4）领有公共运输执照的车辆、船舶、飞机造成的事故；

（5）被保险人根据与他人的协议应支付的赔偿或其他款项，但即使没有这种协议，被保险人应承担的也不在此限。

五、安装工程险的保金与赔偿限额

1. 物质损失部分的保险金额。安装工程保险的物质损失部分的保险金额即保险工程安装完成时的总价值，包括原材料费用、设备费用、建筑费、安装费、运杂费、关税、其他款项和费用以及由业主提供的原材料和设备费用。

各承保项目保险金额的确定如下：

（1）安装工程项目的保险金额以安装工程完工时的总价值为保险金额，包括设备费用、原材料费用、运费、安装费、关税等。

（2）土木建筑工程项目的保险金额为工程项目建成的价格，包括设计费、材料费、施工费、运杂费、保险费、税款及其他费用。

安装工程保险内承保的土木建筑工程项目的保险金额不能超过安装工程保险金额的20%，超过20%时，应按建筑工程保险费率计收保险费。超过50%时，则需单独投保建筑工程保险。

（3）安装施工用机器设备的保险金额按重置价值计算。

（4）场地清理费的保险金额按工程的大小确定。一般大的工程不超过价格的5%，小的工程占合同价格的5%~10%。

（5）业主或承包商在工地上的其他财产，其保险金额由保险人与被保险人协商确定，但不可能超过其实际价值。

2. 第三者责任险和特种危险赔偿两部分的赔偿限额的确定与建筑工程保险相同。

六、安装工程保险的免赔额

安装工程保险的免赔额有以下几种：

1. 自然灾害引起的巨灾损失免赔额为 3000~5000 美元。

2. 试车考核期免赔额为 10000~100000 美元。

3. 其他风险免赔额为 2000~5000 美元。

4. 对第三者责任险的免赔额，只规定每次事故财产损失的免赔额为 2000~5000 美元。

5. 特种危险免赔额与自然灾害相同。

七、安装工程保险费率

1. 费率制定的影响因素

（1）工程本身的危险程度；

（2）承包商和其他工程方的资信情况、技术水平及经验；

（3）工地及邻近地区的自然地理条件，有无特别危险存在；

（4）工程现场管理和施工的安全条件；

（5）保险期限的长短，安装过程中使用吊车次数的多少及危险程度；

（6）被安装设备的质量、型号，产品是否达到设计要求；

（7）工期的长短，试车期和保证期分别有多长；

（8）同类工程以往的损失记录；

（9）工程免赔额的高低，特种危险赔偿限额及第三者责任限额的大小。

2. 费率的项目

（1）安装项目、土木建筑工程项目、场地清理费、工地内的现成财产业主或承包商在工地上的其他财产等各项为一个总的费率，整个工期实行一次性费率；

（2）试车期为单独的一次性费率；

（3）安装施工用的机器设备为单独年度费率；

（4）第三者责任险实行整个工期一次性费率；

（5）保证期实行整个保证期一次性费率；

（6）各种附加保障实行整个工期一次性费率。

八、安装工程保险的期限

安装工程保险的起讫日期与建筑工程保险相同。安装工程保险的保险期限内包括试车考核期。试车考核期包括冷试、热试和试生产。冷试指单机冷车运转；热试指全线空车联合运转；试生产指加料全线负荷联合运转。试车考核期的长短应根据工程合同上的规定，一般以不超过 3 个月为限，若超过 3 个月则应另行收费。对旧的机器设备不负责试车。这里的旧机器指被保险设备本身是在本次安装前已被使用过的设备或转手设备。由于旧机器设备开始试车时发生事故的频率极高，为了排除这一风险，对该旧机器的责任在该旧机器试车时或负荷试验开始时责任即告终止。

如果被保险工程在保险单规定的保险期限内不能如期完工，被保险人要求延长保险期限，须事先获得保险人的书面同意，保险人同意后应加批单，并要增收保险费。

保险期的保险期限从工程业主对部分或全部工程签发完工验收证书或验收合格，或业主实际占有、使用、接收该部分或全部工程时起算，以先发生为准。但在任何情况下，保证期的保险期限不得超出保险单中列明的保证期。保证期责任投保与否由被保险人自行决定。

第七章 BIM 在施工项目管理中的技术及应用研究

通过 BIM 技术，设计师能够使建筑以三维数字模型的形式呈现出来，能够对施工过程进行模拟和推演。施工管理人员可以通过三维建模、施工模拟、管线综合、可视化交底等 BIM 应用，对施工过程进行合理规划，避免出现施工质量问题，提高施工效率。通过对 BIM 技术的应用，还可以实现工程管理一体化，防止资源浪费，提升工程经济效益。基于此本章展开讲述。

第一节 BIM 模型建立及维护研究

在建设项目中，需要记录和处理大量图形和文字信息。传统的数据集成是以二维图纸和书面文字进行记录的，但当引入 BIM 技术后，将原本的二维图形和书面信息进行了集中收录与管理。在 BIM 中 "I" 为 BIM 的核心理念，也就是 "Information"，它将工程中庞杂的数据进行了行之有效的分类与归总，使工程建设变得顺利，减少和消除了工程中出现的问题。但需要强调的是，在 BIM 的应用中，模型是信息的载体，没有模型的信息是不能反映工程项目的内容的。所以在 BIM 中 "M"（Modeling）也具有相当大的价值，应受到相应的重视。BIM 的模型建立的优劣，将会对实施的项目在进度、质量上产生很大的影响。BIM 是贯穿整个建筑全生命周期的，在初始阶段的问题，将会被一直延续到工程结束。同时，失去模型这个信息的载体，数据本身的实用性与可信度将会大打折扣。所以，在建立 BIM 模型之前一定得建立完备的流程，并在项目进行的过程中，对模型进行相应的维护，以确保建设项目能安全、准确、高效地进行。

在工程开始阶段，由设计单位向总承包单位提供设计图纸、设备信息和 BIM 创建所需数据，总承包单位对图纸进行仔细核对和完善，并建立 BIM 模型。在完成根据图纸建立的初步 BIM 模型后，总承包单位组织设计和业主代表召开 BIM 模型及相关资料法人交接会，对设计提供的数据进行核对，并根据设计和业主的补充信息，完善 BIM 模型。在整个 BIM 模型创建及项目运行期间，总承包单位将严格遵循经建设单位批准的 BIM 文件命名规则。

在施工阶段，总承包单位负责对 BIM 模型进行维护、实时更新，确保 BIM 模型中的信息正确无误，保证施工顺利进行。模型的维护主要包括以下几个方面：根据施工过程中的设计变更及深化设计，及时修改、完善 BIM 模型；根据施工现场的实际进度，及时修改、更新 BIM 模型；根据业主对工期节点的要求，上报业主与施工进度和设计变更相一致的 BIM 模型。在施工阶段，可以根据表 7-1 对 BIM 模型完善和维护相关资料。

在 BIM 模型创建及维护的过程中，应保证 BIM 数据的安全性。建议采用以下数据安全管理措施：BIM 小组采用独立的内部局域网，阻断与因特网的连接；局域网内部采用真实身份验证，非 BIM 工作组成员无法登录该局域网，进而无法访问网站数据；BIM 小组进行严格分工，数据存储按照分工和不同用户等级设定访问和修改权限；全部 BIM 数据进行加密，设置内部交流平台，对平台数据进行加密，防止信息外漏；BIM 工作组的电脑全部安装密码锁进行保护，BIM 工作组单独安排办公室，无关人员不能入内。

表 7-1　BIM 模型完善维护表

序号	模型管理协议和流程	适用于本项目（是或否）	详细描述
1	模型起源点坐标系统、精密、文件格式和单位	是 / 否	是 / 否
2	模型文件存储位置（年代）	是 / 否	是 / 否
3	流程传递和访问模型文件	是 / 否	是 / 否
4	命名约定	是 / 否	是 / 否
5	流程聚合模型文件（不同软件平台）	是 / 否	是 / 否
6	模型访问权限	是 / 否	是 / 否
7	设计协调和冲突检测程序	是 / 否	是 / 否
8	模型安全需求	是 / 否	是 / 否

第二节　预制加工管理分析

1. 构件加工详图

通过 BIM 模型对建筑构件的信息化表达，可在 BIM 模型上直接生成构件加工图，不仅能清楚地传达传统图纸的二维关系，而且对于复杂的空间剖面关系也可以清楚表达，同时还能够将离散的二维图纸信息集中到一个模型当中，这样的模型能够更加紧密地实现与预制工厂的协同和对接。

BIM 模型可以完成构件加工、制作图纸的深化设计。如利用 Tekla Structures 等深化设计软件真实模拟结构深化设计，通过软件自带功能将所有加工详图（包括布置图、构件图、零件图等）利用三视图原理进行投影、剖面生成深化图纸，图纸上的所有尺寸，包括杆件长度、断面尺寸、杆件相交角度均是在杆件模型上直接投影产生的。

2. 构件生产指导

BIM 建模是对建筑的真实反映，在生产加工过程中，BIM 信息化技术可以直观地表达出配筋的空间关系和各种下料参数情况，能自动生成构件下料单、派工单、模具规格参数等生产表单，并且能通过可视化的直观表达帮助工人更好地理解设计意图，可以形成 BIM 生产模拟动画、流程图、说明图等辅助培训的材料，有助于提高工人生产的准确性和质量效率。

3. 通过 BIM 实现预制构件的数字化制造

借助工厂化、机械化的生产方式，采用集中、大型的生产设备，将 BIM 信息数据输入设备就可以实现机械的自动化生产，这种数字化建造的方式可以大大提高工作效率和生产质量。比如现在已经实现了钢筋网片的商品化生产，符合设计要求的钢筋在工厂自动下料、自动成形、自动焊接（绑扎），形成标准化的钢筋网片。

4. 构件详细信息全过程查询

作为施工过程中的重要信息，检查和验收信息将被完整地保存在 BIM 模型中，相关单位可快捷地对任意构件进行信息查询和统计分析，在保证施工质量的同时，能使质量信息在运维期有据可循。

5. 在预制构件生产中的应用

预制构件是装配式建筑的基石，一处不匹配或者出现误差，就会影响整个建筑的安全，因此预制构件的生产要求非常高，必须严格按照设计图纸进行生产。BIM 技术在预制构件的生产中也有所应用，可以优化预制构件的生产流程。在预制构件生产的设计阶段，生产厂家可以从 BIM 技术的模型库中提取各个预制构件的模型，直接根据模型中各类构件的详细尺寸进行生产，从而制定科学、高效的生产方案。生产厂家也可以在各个构件中植入 RFID 数据芯片，将构件的型号、材料、生产者和在建筑中的安装位置记录在芯片中，为施工后期的核对、管理提供了极大便利。另外，施工企业可以用 BIM 技术对装配式建筑的模型试验和制作过程进行优化分析，为了实现数据信息和预制构件系统的有效对接，在设计工作完成后，可以将加工信息以条形码的方式保存下来，实现自动化生产。

第三节　虚拟施工管理分析

通过 BIM 技术结合施工方案、施工模拟和现场视频监测进行基于 BIM 技术的虚拟施工，其施工本身不消耗施工资源，却可以根据可视化效果看到并了解施工的过程和结果，可以较大程度地降低返工成本和管理成本，降低风险，增强管理者对施工过程的控制能力。建模的过程就是虚拟施工的过程，是先试后建的过程。施工过程的顺利实施是在有效的施工方案指导下进行的，施工方案的制定主要是根据项目经理、项目总工程师及项目部的经验，施工方案的可行性一直受到业界的关注，由于建筑产品的单一性和不可重复性，施工方案具有不可重复性。一般情况下，当某个工程即将结束时，一套完整的施工方案才展现于面前。虚拟施工技术不仅可以检测和比较施工方案，还可以优化施工方案。

一、虚拟施工管理优势

基于 BIM 的虚拟施工管理能够达到以下目标：创建、分析和优化施工进度；针对具体项目分析将要使用的施工方法的可行性；通过模拟可视化的施工过程，提早发现施工问题，消除施工隐患；形象化的交流工具，使项目参与者能更好地理解项目范围，提供形象的工作操作说明或技术交底；可以更加有效地管理设计变更；全新的试错、纠错概念和方法。不仅如此，虚拟施工过程中建立好的 BIM 模型可以作为二次植入开发的模型基础，大大提高了三维渲染效果的精度与效率，可以给业主更为直观的宣传介绍，也可以进一步为房地产公司开发出虚拟样板间等延伸应用。

虚拟施工给项目管理带来的好处可以总结为以下三点：

1. 施工方法可视化

虚拟施工使施工变得可视化，随时随地直观快速地将施工计划与实际进展进行对比，同时进行有效的协同，施工方、监理方甚至非工程行业出身的业主、领导都对工程项目的各种情况了如指掌。施工过程的可视化，使 BIM 成为一个便于施工方参与各方交流的沟通平台。这种可视化的模拟缩短了现场工作人员熟悉项目施工内容、方法的时间，减少了人员在工程施工初期因为错误施工而导致的时间和成本的浪费，还可以加快、加大对工程参与人员培训的速度及深度，真正做到质量、安全、进度、成本管理和控制的人人参与。

5D 全真模型平台虚拟原型工程施工，对施工过程进行可视化的模拟，包括工程设计、现场环境和资源使用状况，具有更大的可预见性，将改变传统的施工计划、组织模式。施工方法的可视化是使所有项目参与者在施工前就能清楚地知道所有施工内容以及自己的工作职责，能促进施工过程中的有效交流。它是目前用于评估施工方法、发现施工问题、评估施工风险的最简单、经济、安全的方法。

2. 施工方法可验证

BIM 技术能全真模拟运行整个施工过程，项目管理人员、工程技术人员和施工人员可以了解每一步施工活动。如果发现问题，工程技术人员和施工人员可以提出新的施工方法，并对新的施工方法进行模拟来验证，即判断施工过程，它能在工程施工前识别绝大多数的施工风险和问题，并有效地解决。

3. 施工组织可控制

施工组织是对施工活动实行科学管理的重要手段，它决定了各阶段的施工准备工作内容，协调施工过程中各施工单位、各施工工种以及各项资源之间的相互关系。BIM 可以对施工的重点或难点部分进行可见性模拟，按网络光标进行施工方案的分析和优化。对一些重要的施工环节或采用施工工艺的关键部位、施工现场平面布置等施工指导措施进行模拟和分析，以提高计划的可执行性。利用 BIM 技术结合施工组织设计进行电脑预演，以提高复杂建筑体系的可施工性。借助 BIM 对施工组织的模拟，项目管理者能非常直观地理解间隔施工过程的时间节点和关键工序情况，并清晰地把握施工过程中的难点和要点，也可以进一步对施工方案进行优化完善，以提高施工效率和施工方案的安全性。可视化模型输出的施工图片，可作为可视化的工作操作说明或技术交底分发给施工人员，用于指导现场的施工，方便现场的施工管理人员对照图纸进行施工指导和现场管理。

二、BIM 虚拟施工具体应用

采用 BIM 进行虚拟施工，需要事先确定以下信息：设计和现场施工环境的五维模型；根据构件选择施工机械及机械的运行方式；确定施工的方式和顺序；确定所需临时设施及安装位置。BIM 在虚拟施工管理中的应用主要有场地布置方案、专项施工方案、关键工艺展示、施工模拟（土建主体及钢结构部分）、装修效果模拟等。

1. 场地布置方案

为使现场使用合理，施工平面布置应有条理，尽量减少占用施工用地，使平面布置紧凑合理，同时做到场容整齐清洁，道路畅通，符合防火安全及文明施工的要求，施工过程中应避免多个工种在同一场地、同一区域而相互牵制、相互干扰。施工现场应设专人负责管理，使各项材料、机具等按已审定的现场施工平面布置图的位置摆放。

基于建立的 BIM 三维模型及搭建的各种临时设施，可以对施工场地进行布置，合理安排塔吊、库房、加工厂地和生活区等的位置，解决现场施工场地划分问题；通过与业主的可视化沟通协调，对施工场地进行优化，选择最优施工路线。

2. 专项施工方案

通过 BIM 技术指导编制专项施工方案，可以直观地对复杂工序进行分析，将复杂部位简单化、透明化，提前模拟方案编制后的现场施工状态，对现场可能存在的危险源、安全隐患、消防隐患等提前排查，对专项方案的施工工序进行合理排布，有利于方案的专项性、合理性。

3. 关键工艺展示

对于工程施工的关键部位，如预应力钢结构的关键构件及部位，其安装相对复杂，因此合理的安装方案非常重要。正确的安装方法能够省时省费用，传统方法只有工程实施时才能得到验证，这就可能造成二次返工等问题。同时，传统方法是施工人员在完全领会设计意图之后，再传达给建筑工人，相对专业性的术语及步骤对于工人来说难以完全领会。基于 BIM 技术，能够提前对重要部位的安装进行动态展示，提供施工方案讨论和技术交流的虚拟现实信息。

4. 土建主体结构施工模拟

根据拟定的最优施工现场布置和最优施工方案，将由项目管理软件如 Project 编制的施工进度计划与施工现场 3D 模型集成一体，引入时间维度，能够完成对工程主体结构施工过程的 4D 施工模拟。通过 4D 施工模拟，可以使设备材料进场、劳动力配置、机械排班等各项工作安排得更加经济合理，从而加强了对施工进度、施工质量的控制。针对主体结构施工过程，利用已完成的 BIM 模型进行动态施工方案模拟，展示重要施工环节动画，对比分析不同施工方案的可行性，能够对施工方案进行分析，并听从指令对施工方案进行动态调整。

第四节　进度管理分析

一、进度管理的内涵

工程建设项目的进度管理是指对工程项目各建设阶段的工作内容、工作程序、持续时间和逻辑关系制订计划，将该计划付诸实施。在实施过程中要经常检查实际进度是否按计划要求进行，对出现的偏差分析原因，采取补救措施或调整、修改原计划，直至工程竣工后交付使用。进度管理的最终目的是确保进度目标的实现。工程建设监理所进行的进度管理是指为使项目按计划要求的时间进行而开展的有关监督管理活动。施工进度管理在项目整体控制中起着至关重要的作用，主要体现在：

1. 进度决定着总财务成本。什么时间可销售，多长时间可开盘销售，对整个项目的财务总成本影响最大。一个投资 100 亿的项目，一天的财务成本大约是 300 万元，延迟一天交付，延迟一天销售，开发商即将面对巨额的损耗。更快的资金周转和更高的资金效率是当前各地产公司最为在意的地方。

2. 交付合同约束。交房协议有交付日期，不交付将影响信誉和延迟交付罚款。

3. 运营效率与竞争力问题。多少人管理运营一个项目，多长时间完成一个项目，资金周转速度，是开发商的重要竞争力之一，也是承包商的关键竞争力。提升项目管理效率不只是成本问题，更是企业重要竞争力之一。

二、进度管理影响因素

在实际工程项目进度管理过程中，虽然有详细的进度计划以及网络图、横道图等技术做支撑，但是"破网"事故仍时有发生，对整个项目的经济效益产生直接的影响。通过对事故进行调查，影响进度管理的主要原因有以下几方面：

1. 建筑设计缺陷。首先，设计阶段的主要工作是完成施工所需图纸的设计，通常一个工程项目的整套图纸少则几十张，多则成百上千张，甚至数以万计，图纸所包含的数据庞大，而设计者和审图者的精力有限，存在错误是必然的；其次，项目各个专业的设计工作是独立完成的，导致各专业的二维图纸所表现的内容在空间上很容易出现碰撞和矛盾。如果上述问题没有提前发现，直到施工阶段才显露出来，势必对工程项目的进度产生影响。

2. 施工进度计划编制不合理。工程项目进度计划的编制很大程度上依赖于项目管理者的经验，虽然有施工合同、进度目标、施工方案等客观条件的支撑，但是项目的唯一性和个人经验的主观性难免会使进度计划存在不合理之处，并且现行的编制方法和工具相对比较抽象，不易对进度计划进行检查，一旦计划出现问题，按照计划所进行的施工过程必然会受到影响。

3. 现场人员的素质。随着施工技术的发展和新型施工机械的应用，工程项目施工过程越来越趋于机械化和自动化。但是，保证工程项目顺利完成的主要因素还是人，施工人员的素质是影响项目进度的主要方面。施工人员对施工图纸的理解、对施工工艺的熟悉程度和操作技能水平等因素都可能对项目能否按计划顺利完成产生影响。

4. 参与方沟通和衔接不畅。建设项目往往会消耗大量的财力和物力，如果没有一个详细的资金、材料使用计划是很难完成的。在项目施工过程中，由于专业不同，施工方与业主和供货商的信息沟通不充分、不彻底，业主的资金计划、供货商的材料供应计划与施工进度不匹配，同样也会造成工期的延误。

5. 施工环境影响。工程项目既受当地地质条件、气候特征等自然环境的影响，又受到交通设施、区域位置、供水供电等社会环境的影响。项目实施过程中任何不利的环境因素都有可能对项目进度产生严重影响。因此，必须在项目开始阶段就充分考虑环境因素的影响，并提出相应的应对措施。

三、我国建筑工程当前进度管理现状

传统的项目进度管理过程中事故频发，究其根本在于管理模式存在一定的缺陷，主要体现在以下几个方面：

1. 二维 CAD 设计图形象性差。二维三视图作为一种基本表现手法，将现实中的三维建筑用二维的平、立、侧三视图表达。特别是 CAD 技术的应用，用电脑屏幕、鼠标、键盘代替了画图板、铅笔、直尺、圆规等手工工具，大大提高了出图效率。尽管如此，由于二维图纸的表达形式与人们现实中的习惯维度不同，所以要看懂二维图纸存在一定困难，需要通过专业的学习和长时间的训练才能读懂图纸。同时，随着人们对建筑外观美观度的要求越来越高，以及建筑设计行业自身的发展，异形曲面的应用更加频繁，如悉尼歌剧院、国家大剧院、鸟巢等外形奇特、结构复杂的建筑物越来越多。即使设计师能够完成图纸，对图纸的认识和理解也仍有难度。另外，二维 CAD 设计可视性不强，使设计师无法有效检查自己的设计效果，很难保证设计质量，并且对设计师与建造师之间的沟通形成障碍。

2. 网络计划抽象，往往难以理解和执行。网络计划图是工程项目进度管理的主要工具，也有其缺陷和局限性。首先，网络计划图计算复杂、理解困难，只适合于行业内部使用，不适于与外界沟通和交流；其次，网络计划图表达抽象，不能直观地展示项目的计划进度过程，也不方便进行项目实际进度的跟踪；最后，网络计划图要求项目工作分解细致，逻辑关系准确，这些都依赖于个人的主观经验，实际操作中往往会出现各种问题，很难做到完全一致。

3.二维图纸不方便各专业之间的协调沟通。二维图纸由于受可视化程度的限制，使得各专业之间的工作相对分离。无论是在设计阶段还是在施工阶段，都很难对工程项目进行整体性表达。各专业单独工作或许十分顺利，但是在各专业协同作业时往往就会产生碰撞和矛盾，给整个项目的顺利完成带来困难。

4.传统方法不利于规范化和精细化管理。随着项目管理技术的不断发展，规范化和精细化管理是形势所趋。但是传统的进度管理方法很大程度上依赖于项目管理者的经验，很难形成一种标准化和规范化的管理模式。这种经验化的管理方法受主观因素的影响很大，直接影响施工的规范化和精细化管理。

四、基于 BIM 技术的进度管理优势

BIM技术的引入，可以突破二维的限制，给项目进度管理带来不同的体验，主要体现在以下几个方面：

1.提升全过程协同效率。基于3D的BIM沟通语言，简单易懂、可视化好，大大提高了沟通效率，减少了理解不一致的情况；基于互联网的BIM技术能够建立起强大高效的协同平台；所有参建单位在授权的情况下，可随时、随地获得项目最新、最准确、最完整的工程数据，从过去点对点传递信息转变为一对多传递信息，效率提升，图纸信息版本完全一致，从而减少传递时间的损失和版本不一致导致的施工失误；通过BIM软件系统的计算，减少了沟通协调的问题。传统靠人脑计算3D关系的工程问题探讨，容易产生人为的错误，BIM技术可减少大量问题，同时也减少协同的时间投入；另外，现场结合BIM、移动智能终端拍照，也大大提升了现场问题沟通效率。

2.加快设计进度。从表面上来看，BIM设计减慢了设计进度。产生这样的结论的原因，一是现阶段设计用的BIM软件确实生产率不够高，二是当前设计院交付质量较低。实际情况表明，使用BIM设计虽然增加了时间，但交付成果质量却有明显提升，在施工前解决了更多问题，推给施工阶段的问题大大减少，这对总体进度而言是大大有利的。

3.碰撞检测，减少变更和返工进度损失。BIM技术强大的碰撞检查功能，十分有利于减少进度浪费。大量的专业冲突拖延了工程进度，大量废弃工程、返工的同时，也造成了巨大的材料、人工浪费。当前的产业机制造成设计和施工的分家，设计院为了获得更高的效益，尽量降低设计工作的深度，交付成果很多是方案阶段成果，而不是最终施工图，里面充满了很多深入下去才能发现的问题，需要施工单位的深化设计。由于施工单位技术水平有限和理解问题，特别是在当前三边工程较多的情况下，专业冲突十分普遍，返工现象常见。在中国当前的产业机制下，利用BIM系统实时跟进设计，第一时间发现问题，解决问题，带来的进度效益和其他效益都是十分惊人的。

4.加快招投标组织工作。设计基本完成，要组织一次高质量的招投标工作，编制高质量的工程量清单要耗时数月。一个质量低下的工程量清单将导致业主方巨额的损失，利用不平衡报价很容易造成更高的结算价。利用基于 BIM 技术的算量软件系统，大大加快了计算速度和计算准确性，加快招标阶段的准备工作，同时提升了招标工程量清单的质量。

5.加快支付审核。当前很多工程中，由于付款争议挫伤承包商积极性，影响到工程进度并非少见。业主方缓慢的支付审核往往引起与承包商合作关系的恶化，甚至影响到承包商的积极性。业主方利用 BIM 技术的数据，快速校核反馈承包商的付款申请单，则可以大大加快期中付款反馈机制，提升双方战略合作成果。

6.加快生产计划、采购计划编制。工程中经常因生产计划、采购计划编制缓慢损失了进度。急需的材料、设备不能按时进场，造成窝工影响了工期。BIM 改变了这一切，随时随地获取准确数据变得非常容易，制订生产计划、采购计划大大缩短了用时，加快了进度，同时提高了计划的准确性。

7.加快竣工交付资料准备。基于 BIM 的工程实施方法，过程中所有资料可随时挂接到工程 BIM 数字模型中，竣工资料在竣工时即已形成。竣工 BIM 模型在运维阶段还将为业主方发挥巨大的作用。

8.提升项目决策效率。传统的工程实施中，由于大量决策依据、数据不能及时完整地提交出来，决策被迫延迟，或决策失误造成工期损失的现象非常多见。实际情况中，只要工程信息数据充分，决策并不困难，难的往往是决策依据不足、数据不充分，有时导致领导难以决策，有时导致多方谈判长时间僵持，延误工程进展。BIM 形成工程项目的多维度结构化数据库，整理分析数据几乎可以实时实现，完全没有了这方面的难题。

五、BIM 技术在进度管理中的具体应用

BIM 在工程项目进度管理中的应用体现在项目进行过程中的方方面面，下面仅对其关键应用点进行具体介绍。

1.BIM 施工进度模拟

当前建筑工程项目管理中经常用于表示进度计划的甘特图，由于专业性强，可视化程度低，无法清晰描述施工进度以及各种复杂关系，难以准确表达工程施工的动态变化过程。通过将 BIM 与施工进度计划相连接，将空间信息与时间信息整合在一个可视的 4D（3D+Time）模型中，不仅可以直观、精确地反映整个建筑的施工过程，还能够实时追踪当前的进度状态，分析影响进度的因素，协调各专业，制定应对措施，以缩短工期、降低成本、提高质量。

目前常用的 BIM 施工管理系统或施工进度模拟软件很多，利用此类管理系统或软件进行施工进度模拟大致分为以下步骤：（1）将 BIM 模型进行材质赋予；（2）制订 Project 计划；（3）将 Project 文件与 BIM 模型连接；（4）制定构件运动路径，并与时间连接；（5）设

置动画视点并输出施工模拟动画。通过4D施工进度模拟，能够完成以下内容：基于BIM施工组织，对工程重点和难点的部位进行分析，制定切实可行的对策；依据模型，确定方案、制订计划、划分流水段；BIM施工进度利用季度卡来编制计划；将周和月结合在一起，假设后期需要任何时间段的计划，只需在这个计划中过滤一下即可自动生成；做到对现场的施工进度进行每日管理。

2.BIM施工安全与冲突分析系统

（1）时变结构和支撑体系的安全分析通过模型数据转换机制，自动由4D施工信息模型生成结构分析模型，进行施工期时变结构与支撑体系任意时间点的力学分析计算和安全性能评估。

（2）施工过程进度成本的冲突分析通过动态展现各施工段的实际进度与计划的对比关系，实现进度偏差和冲突分析及预警；指定任意日期，自动计算所需人力、材料、机械、成本，进行资源对比分析和预算；根据清单计价和实际进度计算实际费用，动态分析任意时间点的成本及其影响关系。

（3）场地碰撞检测基于施工现场4D时间模型和碰撞检测算法，可对构件与管线、设施与结构进行动态碰撞检测和分析。

3.BIM建筑施工优化系统

建立进度管理软件P3/P6数据模型与离散事件优化模型的数据交换，基于施工优化信息模型，实现基于BIM和离散事件模拟的施工进度、资源以及场地优化和过程的模拟。

（1）基于BIM和离散事件模拟的施工优化通过对各项工序的模拟计算，得出工序工期、人力、机械、场地等资源的占用情况，对施工工期、资源配置以及场地布置进行优化，实现多个施工方案的比选。

（2）基于过程优化的4D施工过程模拟将4D施工管理与施工优化进行数据集成，实现了基于过程优化的4D施工可视化模拟。

4.三维技术交底及安装指导

我国工人文化水平不高，在大型复杂工程施工技术交底时，工人往往难以理解技术要求。针对技术方案无法细化、不直观、交底不清晰的问题，解决方案是：应改变传统的思路与做法（通过纸介质表达），转由借助三维技术呈现技术方案，使施工重点、难点部位可视化，提前预见问题，确保工程质量，加快工程进度。三维技术交底即通过三维模型让工人直观地了解自己的工作范围及技术要求，主要方法有两种：一种是虚拟施工和实际工程照片对比；另一种是将整个三维模型进行打印输出，用于指导现场的施工，方便现场的施工管理人员拿图纸进行施工指导和现场管理。

对钢结构而言，关键节点的安装质量至关重要。安装质量不合格，轻者将影响结构受力形式，重者将导致整个结构的破坏。三维BIM模型可以提供关键构件的空间关系及安装形式，方便技术交底与施工人员深入了解设计意图。

5. 移动终端现场管理

采用无线移动终端、Web 及 RFID 等技术，全过程与 BIM 模型集成，实现数据库化、可视化管理，避免任何一个环节出现问题给施工和进度质量带来影响。

BIM 是从美国发展起来的，之后逐渐扩展到日本、欧洲、新加坡等国家和地区，2002 年之后国内开始逐渐接触 BIM 技术和理念。从应用领域上看，国外已将 BIM 技术应用在建筑工程的设计、施工以及建成后的运营维护阶段；国内应用 BIM 技术的项目较少，大多集中在设计阶段，缺乏施工阶段的应用。BIM 技术发展缓慢直接影响其在进度管理中的应用，国内 BIM 技术在工程项目进度管理中的应用主要需要解决软件系统、应用标准和应用模式等方面的问题。目前，国内 BIM 应用软件多依靠国外引进，但类似软件不能满足国内的规范和标准要求，必须研发具有自主知识产权的相关软件或系统，如基于 BIM 的 4D 进度管理系统，才能更好地推动 BIM 技术在国内工程项目进度管理中的应用，提升进度管理效率和项目管理水平。BIM 标准的缺乏是阻碍 BIM 技术功能发挥的主要原因之一，国内应该加大 BIM 技术在行业协会、大专院校和科研院所的研究力度，相关政府部门应给予更多的支持。另外，目前常用的项目管理模式阻碍 BIM 技术效益的充分发挥，应该推动与 BIM 相适应的管理模式应用，如综合项目交付模式，把业主、设计方、总承包商和分包商集合在一起，充分发挥 BIM 技术在建筑工程全生命周期内的效益。

第五节　安全管理分析

一、安全管理的内涵

安全管理（Safety Management）是管理科学的一个重要分支，它是为实现安全目标而进行的有关决策、计划、组织和控制等方面的活动；主要运用现代安全管理原理、方法和手段，分析和研究各种不安全因素，从技术上、组织上和管理上采取有力的措施，解决和消除各种不安全因素，防止事故的发生。

安全管理是企业生产管理的重要组成部分，是一门综合性的系统科学。安全管理的对象是生产中一切人、物、环境的状态管理与控制，安全管理是一种动态管理。安全管理，主要是组织实施企业安全管理规划、指导、检查和决策，同时，又是保证生产处于最佳安全状态的根本环节。施工现场安全管理的内容，大体可归纳为安全组织管理、场地与设施管理、行为控制和安全技术管理四个方面，分别对生产中的人、物、环境的行为与状态，进行具体的管理与控制。

二、我国建筑工程安全管理现状

建筑业是我国"五大高危行业"之一，《安全生产许可证条例》规定建筑企业必须实行安全生产许可证制度。但是为何建筑业的"五大伤害"事故的发生率并没有明显下降？从管理和现状的角度，主要有以下几种原因：

1. 企业责任主体意识不明确。企业对法律法规缺乏应有的了解和认识，上到企业法人，下到专职安全生产管理人员，对自身安全责任及工程施工中所应当承担的法律责任没有明确的了解，误认为安全管理是政府的职责，造成安全管理不到位。

2. 政府监管压力过大，监管机构和人员严重不足。为避免安全生产事故的发生，政府监管部门按例进行建筑施工安全检查。由于我国安全生产事故追究实行"问责制"，一旦发生事故，监管部门的管理人员需要承担相应责任，而由于有些地区监管机构和人员严重不足，造成政府监管压力过大，加之检查人员的业务水平不高等因素，很容易使事故隐患没有及时被发现。

3. 企业重生产，轻安全，"质量第一、安全第二"。一方面，潜伏性和随机性造成事故的发生，安全管理不合格是安全事故发生的必要条件而非充分条件，企业存在侥幸心理，疏于安全管理；另一方面，由于质量和进度直接关系到企业效益，而生产能给企业带来效益，安全则会给企业增加支出，所以很多企业重生产而轻安全。

4. "垫资""压价"等不规范的市场主体行为直接导致施工企业削减安全投入。"垫资""压价"等不规范的市场行为一直限制企业发展，造成企业无序竞争。很多企业为生产而生产，有些项目零利润甚至负利润。在生存与发展面前，很多企业的安全投入就成为一句空话。

5. 建筑业企业资质申报要求提供安全评估资料，这就要求独立于政府和企业之外的第三方建筑业安全咨询评估中介机构要大量存在，安全咨询评估中介机构所提供的评估报告可以作为政府对企业安全生产现状采信的证明。而安全咨询评估中介机构的缺少，造成无法给政府提供独立可供参考的第三方安全评估报告。

6. 工程监理管安全，"一专多能"起不到实际作用。建筑安全是一门多学科系统，在我国属于新兴学科，同时也是专业性很强的学科。而监理人员多是从施工员、质检员过渡而来，对施工质量很专业，但对安全管理并不专业。相关的行政法规却把施工现场安全责任划归监理，并不十分合理。

三、基于 BIM 的安全管理优势

基于 BIM 的管理模式是创建信息、管理信息、共享信息的数字化方式，在工程安全管理方面具有很多优势，如基于 BIM 的项目管理，工程基础数据如量、价等，数据准确、数据透明、数据共享，能完全实现短周期、全过程对资金安全的控制；基于 BIM 技术，可以提供施工合同、支付凭证、施工变更等工程附件管理，并对成本测算、招投标、签证管理、支付等全过程造价进行管理；BIM 数据模型保证了各项目的数据动态调整，可以方便统计，追溯各个项目的现金流和资金状况；基于 BIM 的 4D 虚拟建造技术能提前发现在施工阶段可能出现的问题，并逐一修改，提前制定应对措施；采用 BIM 技术，可实现虚拟现实和资产、空间等管理，建筑系统分析等技术内容，从而便于运营维护阶段的管理应用；运用 BIM 技术，可以对火灾等安全隐患进行及时处理，从而减少损失，对突发事件进行快速应变和处理，快速准确掌握建筑物的运营情况。

四、BIM 技术在安全管理中的具体应用

采用 BIM 技术可使整个工程项目在设计、施工和运营维护等阶段都能够有效地控制资金风险，实现安全生产。下面对 BIM 技术在工程项目安全管理中的具体应用进行介绍。

1. 施工准备阶段安全控制

在施工准备阶段，利用 BIM 进行与实践相关的安全分析，能够降低施工安全事故发生的可能性，如：4D 模拟与管理和安全表现参数的计算可以在施工准备阶段排除很多建筑安全风险；BIM 虚拟环境划分施工空间，排除安全隐患；基于 BIM 及相关信息技术的安全规划可以在施工前的虚拟环境中发现潜在的安全隐患并予以排除；采用 BIM 模型结合有限元分析平台，进行力学计算，保障施工安全；通过模型发现施工过程中的重大危险源并实现水平洞口危险源自动识别等。

2. 施工过程仿真模拟

仿真分析技术能够模拟建筑结构在施工过程中不同时段的力学性能和变形状态，为结构安全施工提供保障。通常采用大型有限元软件来实现结构的仿真分析，但对于复杂建筑物的模型建立需要耗费较多时间：在 BIM 模型的基础上，开发相应的有限元软件接口，实现三维模型的传递，再附加材料属性、边界条件和荷载条件，结合先进的时变结构分析方法，便可以将 BIM、4D 技术和时变结构分析方法结合起来，实现基于 BIM 的施工过程结构安全分析，有效捕捉施工过程中可能存在的危险状态，指导安全维护措施的编制和执行，防止发生安全事故。

3. 模型试验

对于结构体系复杂、施工难度大的结构，结构施工方案的合理性与施工技术的安全可靠性都需要验证，为此利用 BIM 技术建立试验模型，对施工方案进行动态展示，从而为试验提供模型基础信息。

4. 施工动态监测

长期以来，建筑工程中的事故时常发生。如何进行施工中的结构监测已成为国内外的前沿课题之一。对施工过程进行实时监测，特别是重要部位和关键工序，及时了解施工过程中结构的受力和运行状态。施工监测技术的先进与否，对施工控制起着至关重要的作用，这也是施工过程信息化的一个重要内容。为了及时了解结构的工作状态，发现结构未知的

损伤，建立工程结构的三维可视化动态监测系统，就显得十分迫切。

三维可视化动态监测技术较传统的监测手段具有可视化的特点，可以人为操作在三维虚拟环境下漫游来直观、形象地提前发现现场的各类潜在危险源，提供更便捷的方式查看监测位置的应力应变状态。在某一监测点应力或应变超过拟定的范围时，系统将自动采取报警给予提醒。

使用自动化监测仪器进行基坑沉降观测，通过将感应元件监测的基坑位移数据自动汇总到基于BIM开发的安全监测软件上，通过对数据的分析，结合现场实际测量的基坑坡顶水平位移和竖向位移变化数据进行对比，形成动态的监测管理，确保基坑在土方回填之前的安全稳定性。

通过信息采集系统得到结构施工期间不同部位的监测值，根据施工工序判断每时段的安全等级，并在终端上实时地显示现场的安全状态和存在的潜在威胁，给管理者以直观的指导。

5. 防坠落管理

坠落危险源包括尚未建造的楼梯井和天窗等。通过在BIM模型中的危险源存在部位建立坠落防护栏杆构件模型，研究人员能够清楚地识别多个坠落风险，并可以向承包商提供完整且详细的信息，包括安装或拆卸栏杆的地点和日期等。

6. 塔吊安全管理

大型工程施工现场需布置多个塔吊同时作业，因塔吊旋转半径不足而造成的施工碰撞屡屡发生。确定塔吊回转半径后，在整体BIM施工模型中布置不同型号的塔吊，能够确保其同电源线和附近建筑物的安全距离，确定哪些员工在哪些时候会使用塔吊。在整体施工模型中，用不同颜色的色块来表明塔吊的回转半径和影响区域，并进行碰撞检测来生成塔吊回转半径计划内的任何非钢安装活动的安全分析报告。该报告可以用于项目定期安全会议中，减少由于施工人员和塔吊缺少交互而产生的意外风险。

7. 灾害应急管理

随着建筑设计的日新月异，规范已经无法满足超高型、超大型或异形建筑空间的消防设计。利用BIM及相应灾害分析模拟软件，可以在灾害发生前，模拟灾害发生的过程，分析灾害发生的原因，制定避免灾害发生的措施，以及发生灾害后人员疏散、救援支持的应急预案，为发生意外时减少损失并赢得宝贵时间。BIM能够模拟人员疏散时间、疏散距离、有毒气体扩散时间、建筑材料耐燃烧极限及消防作业面等，主要表现为4D模拟、3D漫游和3D渲染能够标识各种危险，且BIM中生成的3D动画、渲染能够用来同工人沟通应急预案计划方案。应急预案包括五个子计划：施工人员的入口/出口、建筑设备和运送路线、临时设施和拖车位置、紧急车辆路线、恶劣天气的预防措施。利用BIM数字化模型进行物业沙盘模拟训练，训练保安人员对建筑的熟悉程度，再模拟灾害发生时，通过BIM数字模型指导大楼人员进行快速疏散；通过对事故现场人员感官的模拟，使疏散方案更合理；通过BIM模型判断监控摄像头布置是否合理，与BIM虚拟摄像头关联，可随意打开任意视角的摄像头，摆脱传统监控系统的弊端。

另外，当灾害发生后，BIM 模型可以提供救援人员紧急状况点的完整信息，配合温感探头和监控系统发现温度异常区，获取建筑物及设备的状态信息，通过 BIM 和楼宇自动化系统的结合，使得 BIM 模型能清晰地呈现出建筑物内部紧急状况的位置，甚至到紧急状况点最合理的路线，救援人员可以由此做出正确的现场处置，提高应急行动的成效。

安全管理是企业的命脉，安全管理秉承"安全第一，预防为主"的原则，需要在施工管理中编写相关安全措施，其主要目的是要抓住施工薄弱环节和关键部位。但传统施工管理中，往往只能根据经验和相关规范要求编写相关安全措施，针对性不强。在 BIM 的作用下，这种情况将会有所改善。

第六节　质量管理分析

一、质量管理的内涵

我国国家标准 GB/T 19000—2000 对质量的定义为：一组固有特征满足要求的程度。质量的主体不但包括产品，而且包括过程、活动的工作质量，还包括质量管理体系运行的效果。工程项目质量管理是指在力求实现工程项目总目标的过程中，为满足项目的质量要求开展的有关管理监督活动。

二、质量管理影响因素

在工程建设中，无论是勘察、设计、施工还是机电设备的安装，影响工程质量的因素主要有"人、机、料、法、环"5 大方面，即人工、机械、材料、工法、环境。所以工程项目的质量管理主要是对这 5 个方面进行控制。

1. 人工的控制

人工是指直接参与工程建设的决策者、组织者、指挥者和操作者。人工的因素是影响工程质量的 5 大因素中的首要因素。在某种程度上，它决定了其他因素。很多质量管理过程中出现的问题归根结底都是人工的问题。项目参与者的素质、技术水平、管理水平、操作水平最终都影响了工程建设项目的最终质量。

2. 机械的控制

施工机械设备是工程建设不可或缺的设施，对施工项目的施工质量有着直接影响。有些大型、新型的施工机械可以使工程项目的施工效率大大提高，而有些工程内容或者施工工作必须依靠施工机械才能保证工程项目的施工质量，如混凝土，特别是大型混凝土的振捣机械、道路地基的碾轧机械等。如果靠人工来完成这些工作，往往很难保证工程质量。

但是施工机械体积庞大、结构复杂，而且往往需要有效的组合和配合才能收到事半功倍的效果。

3. 材料的控制

材料是建设工程实体组成的基本单元，是工程施工的物质条件，工程项目所用材料的质量直接影响着工程项目的实体质量。因此每一个单元的材料质量都应该符合设计和规范的要求，工程项目实体的质量才能得到保证。在项目建设中使用不合格的材料和构配件，就会造成工程项目的质量不合格。所以在质量管理过程中一定要把好材料、构配件关，打牢质量根基。

4. 工法的控制

工程项目的施工方法的选择也对工程项目的质量有着重要影响。对一个工程项目而言，施工方法和组织方案的选择正确与否直接影响整个项目的建设能否顺利进行，关系到工程项目的质量目标能否顺利实现，甚至关系到整个项目的成败。但是施工方法的选择往往是根据项目管理者的经验进行的，有些方法在实际操作中并不一定可行。如预应力混凝土的先拉法和后拉法，需要根据实际的施工情况和施工条件来确定的。工法的选择对于预应力混凝土的质量也有一定影响。

5. 环境的控制

工程项目在建设过程中面临很多环境因素的影响，主要有社会环境、经济环境和自然环境等。通常对工程项目的质量产生影响较大的是自然环境，其中又有气候、地质、水文等影响因素。例如冬季施工对混凝土质量的影响，风化地质或者地下溶洞对建筑基础的影响等。因此，在质量管理过程中，管理人员应该考虑环境因素对工程质量产生的影响，并且努力去优化施工环境，对于不利因素严加管控，避免其对工程项目的质量产生影响。

三、我国当前质量管理现状

建筑业经过长期的发展已经积累了丰富的管理经验，在此过程中，通过大量理论研究和专业积累，工程项目的质量管理也逐渐形成了一系列的管理方法。但是工程实践表明：大部分管理方法在理论上的作用很难在工程实际中得到发挥。由于受实际条件和操作工具的限制，这些方法的理论作用只能得到部分发挥，甚至得不到发挥，影响了工程项目质量管理的工作效率，造成工程项目的质量目标最终不能完全实现。工程施工过程中，施工人员专业技能不足、材料的使用不规范、不按设计或规范进行施工、不能准确预知完工后的质量效果、不同专业工种相互影响等问题都会对工程质量管理造成一定的影响，具体表现为：

1. 施工人员专业技能不足

建筑工程项目一线操作人员的素质直接影响工程质量，是工程质量高低、优劣的决定性因素，工人们的工作技能，职业操守和责任心都对工程项目的最终质量有重要影响。但是现在的建筑市场上，施工人员的专业技能普遍不高，绝大部分没有参加过技能岗位培训或未取得有关岗位证书和技术等级证书。很多工程质量问题都是由于施工人员的专业技能不足造成的。

2. 材料的使用不规范

国家对建筑材料的质量有着严格的规定和划分，个别企业也有自己的材料使用质量标准。但是在实际施工过程中往往对建筑材料质量的管理不够重视，个别施工单位为了追求额外的效益，会在工程项目的建设过程中使用一些不规范的工程材料，造成工程项目的最终质量存在问题。

3. 不按设计或规范进行施工

为了保证工程建设项目的质量，国家制定了一系列有关工程项目各个专业的质量标准和规范，同时每个项目都有自己的设计资料，规定了项目在实施过程中应该遵守的规范。但是在项目实施的过程中，这些规范和标准经常被突破，一来因为人们对设计和规范的理解存在差异，二来由于管理的漏洞，造成工程项目无法实现预定的质量目标。

4. 不能准确预知完工后的质量效果

一个项目完工之后，如果感官上不美观，就不能称之为质量很好的项目。但是在施工之前，没有人能准确无误地预知完工之后的实际情况。往往在工程完工之后，或多或少都有不符合设计意图的地方，存有遗憾。较为严重的还会出现使用中的质量问题，比如设备的安装没有足够的维修空间，管线的布置杂乱无序，因未考虑到局部问题被迫牺牲外观效果等，这些问题都影响着项目完工后的质量效果。

5. 各个专业工种相互影响

工程项目的建设是一个系统、复杂的过程，需要不同专业、工种之间相互协调，相互配合才能很好地完成。但是在工程实际中往往由于专业的不同，或者所属单位的不同，各个工种之间很难在事前做好协调沟通。这就造成在实际施工中各专业工种配合不好，使得工程项目的进展不连续，或者需要经常返工，以及各个工种之间存在碰撞，甚至相互破坏、相互干扰，严重影响了工程项目的质量。如水、电等其他专业队伍与主体施工队伍的工作顺序安排不合理，造成水电专业施工时在承重墙、板、柱、梁上随意凿沟开洞，因此破坏了主体结构，影响了结构安全。

四、基于 BIM 技术质量管理优势

BIM 技术的引入不仅提供一种"可视化"的管理模式，也能够充分发掘传统技术的潜在能量，使其更充分、有效地为工程项目质量管理工作服务。传统的二维管控的方法将各专业平面图叠加，结合局部剖面图，设计审核校对人员凭经验发现错误，难以全面。三维参数化的质量控制，是利用三维模型，通过计算机自动实时检测管线碰撞，二维质量控制与三维质量控制的优缺点对比见表 7-2。

表 7-2　二维与三维质量控制的优缺点分析

传统二维质量控制缺陷	三维质量控制优点
手工整合图纸，凭借经验判断，难以全面分析	电脑自动在各专业间进行全面检验，精确度高
均为局部调整，存在顾此失彼情况	在任意位置剖切大样及轴测图大样，观察并调整该处管线标高关系
标高多为原则性确定相对位置，大量管线没有精确确定标高	轻松发现影响净高的瓶颈位置
通过"平面＋局部剖面"的方式，对于多管交叉的复制部位表达不够充分	在综合模型中直观地表达碰撞检测结果

　　基于 BIM 的工程项目质量管理包括产品质量管理及技术质量管理。产品质量管理：BIM 模型储存了大量的建筑构件和设备信息。通过软件平台，可快速查找所需的材料及构配件信息，如规格、材质、尺寸要求等，并可根据 BIM 设计模型，对现场施工作业产品进行追踪、记录、分析，掌握现场施工的不确定因素，避免不良后果出现，监控施工质量。技术质量管理：通过 BIM 的软件平台动态模拟施工技术流程，再由施工人员按照仿真施工流程施工，确保施工技术信息的传递不会出现偏差，避免实际做法和计划做法出现偏差，减少不可预见情况的发生，监控施工质量。

五、BIM 技术在质量管理中的具体应用

　　下面仅对 BIM 在工程项目质量管理中的关键应用点进行具体介绍。

1. 建模前期协同设计

　　在建模前期，需要建筑专业和结构专业的设计人员大致确定吊顶高度及结构梁高度；对于标高要求严格的区域，提前告知机电专业；各专业针对空间狭小、管线复杂的区域，协调出二维局部剖面图。建模前期协同设计的目的是在建模前期就解决部分潜在的管线碰撞问题，对潜在质量问题预知。

2. 碰撞检测

　　传统二维图纸设计中，在结构、水暖电等各专业设计图纸汇总后，由总工程师人工发现和协调问题。人为的失误在所难免，使施工中出现很多冲突，造成建设投资巨大浪费，并且还会影响施工进度。另外，由于各专业承包单位实际施工过程中对其他专业或者工种、工序间的不了解，甚至是漠视，产生的冲突与碰撞也比比皆是。但施工过程中，这些碰撞的解决方案，往往受限于现场已完成部分的局限，大多只能牺牲某部分利益、效能，而被动地变更。调查表明，施工过程中相关各方有时需要付出几十万、几百万，甚至上千万的代价来弥补由设备管线碰撞引起的拆装、返工和浪费。

　　目前，BIM 技术在三维碰撞检查中的应用已经比较成熟，依靠其特有的直观性及精确性，于设计建模阶段就可一目了然地发现各种冲突与碰撞。在水、暖、电建模阶段，利用 BIM 随时自动检测及解决管线设计初级碰撞，其效果相当于将校审部分工作提前进行，这样可大大提高成图质量。碰撞检测的实现主要依托于虚拟碰撞软件，其实质为 BIM 可视

化技术，施工设计人员在建造之前就可以对项目进行碰撞检查，不但能够彻底消除碰撞，优化工程设计，减少在建筑施工阶段可能存在的错误损失和返工的可能性，而且能够优化净空和方案。最后施工人员可以利用碰撞优化后的三维方案，进行施工交底、施工模拟，提高了施工质量，同时也提高了与业主沟通的主动权。

碰撞检测可以分为专业间碰撞检测及管线综合的碰撞检测。专业间碰撞检测主要包括土建专业之间（如检查标高、剪力墙、柱等位置是否一致，梁与门是否冲突）、土建专业与机电专业之间（如检查设备管道与梁柱是否发生冲突）、机电各专业间（如检查管线末端与室内吊顶是否冲突）的软、硬碰撞点检查；管线综合的碰撞检测主要包括管道专业、暖通专业、电气专业系统内部检查以及管道、暖通、电气结构专业之间的碰撞检查等。另外，解决管线空间布局问题，如机房过道狭小等问题也是常见碰撞内容之一。

在对项目进行碰撞检测时，要遵循如下检测优先级顺序：第一，进行土建碰撞检测；第二，进行设备内部各专业碰撞检测；第三，进行结构与给排水、暖、电专业碰撞检测等；第四，解决各管线之间交叉问题。其中，全专业碰撞检测的方法如下：完成各专业的精确三维模型建立后，选定一个主文件，以该文件轴网坐标为基准，将其他专业模型链接到该主模型中，最终得到一个包括土建、管线、工艺设备等全专业的综合模型。该综合模型真正为设计提供了模拟现场施工碰撞检查平台，在这个平台上完成仿真模式现场碰撞检查，并根据检测报告及修改意见对设计方案合理评估并做出设计优化决策，然后再次进行碰撞检测……如此循环，直至解决所有的硬碰撞、软碰撞。

显而易见，常见碰撞内容复杂、种类较多，且碰撞点很多，甚至高达上万个，如何对碰撞点进行有效标识与识别？这就需要采用轻量化模型技术，把各专业三维模型数据以直观的模式，存储于展示模型中。模型碰撞信息采用"碰撞点"和"标识签"进行有序标识，通过结构树形式的"标识签"可直接定位到碰撞位置。

碰撞检测完毕后，在计算机上以该命名规则出具碰撞检查报告，方便快速读出碰撞点的具体位置与碰撞信息。例如 0014-PIP&HVAC-ZP&-PF，表示该碰撞点是给排水 1 暖通专业碰撞的第 5 个点，为管道专业的自动喷。

在读取并定位碰撞点后，为了更加快速地给出针对碰撞检测中出现的"软""硬"碰撞点的解决方案，我们可以将碰撞问题划分为以下几类：

（1）重大问题，需要业主协调各方共同解决。

（2）由设计方解决的问题。

（3）由施工现场解决的问题。

（4）因未定因素（如设备）而遗留的问题。

（5）因需求变化而带来新的问题。

针对由设计方解决的问题，可以通过多次召集各专业主要骨干参加三维可视化协调会议的办法，把复杂的问题简单化，同时将责任明确到个人，从而顺利地完成管线综合设计、优化设计，得到业主的认可。针对其他问题，则可以通过三维模型截图、漫游文件等协助业主解决。另外，管线优化设计应遵循以下原则：

1）在非管线穿梁、碰柱、穿吊顶等必要情况下，尽量不要改动。

2）只需调整管线安装方向即可避免的碰撞，属于软碰撞，可以不修改，以减少设计人员的工作量。

3）需满足建筑业主要求，对没有碰撞，但不满足净高要求的空间，也需要进行优化设计。

4）管线优化设计时，应预留安装、检修空间。

5）管线避让原则如下：有压管让无压管；小管线让大管线；施工简单管让施工复杂管；冷水管道避让热水管道；附件少的管道避让附件多的管道；临时管道避让永久管道。

3.大体积混凝土测温

使用自动化监测管理软件进行大体积混凝土温度的监测，将测温数据无线传输汇总到自动分析平台上，通过对各个测温点的分析，形成动态监测管理。电子传感器按照测温点布置要求，自动直接将温度变化情况输出到计算机，形成温度变化曲线图，随时可以远程动态监测大体积混凝土的温度变化，根据温度变化情况，随时加强养护措施，确保大体积混凝土的施工质量，确保在工程基础筏板混凝土浇筑后不出现由于温度变化剧烈引起的温度裂缝。利用基于BIM的温度数据分析平台对大体积混凝土进行实时温度检测。

4.施工工序中管理

工序质量控制就是对工序活动条件，即工序活动投入的质量和工序活动效果的质量及分项工程质量的控制。在利用BIM技术进行工序质量控制时应着重于以下几方面的工作：

（1）利用BIM技术能够更好地确定工序质量控制工作计划。一方面要求对不同的工序活动制定专门的保证质量的技术措施，做出物料投入及活动顺序的专门规定；另一方面要规定质量控制工作流程、质量检验制度。

（2）利用BIM技术主动控制工序活动条件的质量。工序活动条件主要指影响质量的五大因素，即人、材料、机械设备、方法和环境等。

（3）能够及时检验工序活动效果的质量。主要是实行班组自检、互检、上下道工序交主检，特别是对隐蔽工程和分项（部）工程的质量检验。

（4）利用BIM技术设置工序质量控制点（工序管理点），实行重点控制。工序质量控制点是针对影像质量的关键部位或薄弱环节确定的重点控制对象。正确设置控制点并严格实施是进行工序质量控制的重点。

第七节 物料管理分析

一、物料管理概念

传统材料管理模式就是企业或者项目部根据施工现场实际情况制定相应的材料管理制度和流程，这个流程主要依靠施工现场的材料员、保管员及施工员来完成。施工现场的固定性和庞大性，决定了施工现场材料管理具有周期长、种类繁多、保管方式复杂及特殊性。传统材料管理存在核算不准确、材料申报审核不严格、变更签证手续办理不及时等问题，造成大量材料现场积压、占用大量资金、停工待料、工程成本上涨。

二、BIM技术物料管理具体应用

基于BIM的物料管理通过建立安装材料BIM模型数据库，使项目部各岗位人员对不同部门都可以进行数据的查询和分析，为项目部材料管理和决策提供数据支撑。例如项目部拿到机电安装各专业施工蓝图后，由BIM项目经理组织各专业机电BIM工程师进行三维建模，并将各专业模型组合到一起，形成安装材料BIM模型数据库。该数据库是以创建的BIM机电模型和全过程造价数据为基础，把原来分散在安装各专业人员手中的工程信息模型汇总，形成一个汇总的项目级基础数据库。

1.安装材料分类控制

材料的合理分类是材料管理的一项重要基础工作，安装材料BIM模型数据库的最大优势是包含材料的全部属性信息。在进行数据建模时，各专业建模人员对施工所使用的各种材料属性，按其需用量的大小、占用资金多少及重要程度进行"星级"分类，星级越高代表该材料需用量越大、占用资金越多。安装工程材料的特点、安装材料属性分类及管理原则见表7-3。

表7-3 安装材料属性及管理原则

等级	安装材料	管理原则
★★★	需用量大、占用资金多、专用或备料难度大的材料	严格按照设计施工图及B1M机电模型，逐项认真审核，做到规格、塑号、数量完全准确
★★	管道、阀门等通用主材	根据BIM模型提供的数据，精确控制材料及使用数量
★	资金占用少、需用量小、比较次要的辅助材料	采用一般常规的计算公式及预算定额含量确定

2.用料交底

BIM与传统CAD相比，具有可视化的显著特点。设备、电气、管道、通风空调等安装专业三维建模并碰撞后，BIM项目经理组织各专业BIM项目工程师进行综合优化，提前消除施工过程中各专业可能遇到的碰撞。项目核算员、材料员、施工员等管理人员应熟读施工图纸、透彻理解 BIM 三维模型、吃透设计思想，并按施工规范要求向施工班组进行技术交底，将 BIM 模型中用料意图灌输给班组，用 BIM 三维图、CAD 图纸或者表格下料单等书面形式做好用料交底，防止班组"长料短用、整料零用"，做到物尽其用，减少浪费及边角料，把材料消耗降到最低限度。

3. 物资材料管理

施工现场材料的浪费、积压等现象司空见惯，安装材料的精细化管理一直是项目管理的难题。运用 BIM 模型，结合施工程序及工程形象进度周密安排材料采购计划，不仅能保证工期与施工的连续性，而且能用好用活流动资金、降低库存、减少材料二次搬运。同时，材料员根据工程实际进度，方便地提取施工各阶段材料用量，在下达的施工任务书中，附上完成该项施工任务的限额领料单，作为发料部门的控制依据，实行对各班组限额发料，防止错发、多发、漏发等无计划用料，从源头上做到材料的有的放矢，减少施工班组对材料的浪费。

4. 材料变更清单

工程设计变更和增加签证在项目施工中会经常发生。项目经理部在接收工程变更通知书执行前，应有因变更造成材料积压的处理意见，要由业主收购，否则，如果处理不当就会造成材料积压，增加材料成本。BIM 模型在动态维护工程中，可以及时地将变更图纸进行三维建模，将变更发生的材料、人工等费用准确、及时地计算出来，便于办理变更签证手续，保证工程变更签证的有效性。

第八节 成本管理分析

一、成本管理的概念

建筑工程包括立项、勘察、设计、施工、验收、运维等多个阶段的内容，广义的施工阶段，即包含施工准备阶段和施工实施阶段。建筑工程成本是指以建筑工程作为成本核算对象的施工过程中所耗费的生产资料转移价值和劳动者的必要劳动所创造的价值的货币形式，也就是某一建筑工程项目在施工中所发生的全部费用的总和。成本管理即企业生产经营过程中各项成本核算、成本分析、成本决策和成本控制等一系列科学管理行为的总称。

成本管理一般包括成本预测、成本决策、成本计划、成本核算、成本控制、成本分析、成本考核等内容。成本管理的步骤：工程资源计划的编制，工程成本估算，工程成本预算计划的编制，工程成本预测与偏差控制。工程项目施工阶段的成本控制是成本管理的一部分。控制是指主体对客体在目标完成上的一种能动作用，使客体能按照预定计划达成目标的过程。而施工项目的成本控制则是指在建立成本目标以后，对项目的成本支出进行严格的监督和控制，并及时发现偏差、纠正偏差的过程。

成本管理要求企业根据一定时期预先建立的成本管理目标，由成本控制主体在其职权范围内在生产耗费发生以前和成本控制过程中，对各种影响成本的因素和条件采取的一系列调节措施，以保证成本管理目标实现的管理行为。

成本管理关乎低碳、环保、绿色建筑、自然生态、社会责任、福利等。众所周知，有些自然资源是不可再生的，所以成本控制不仅仅是财务意义上实现利润最大化，终极目标是单位建筑面积自然资源消耗最少。施工消耗大量的钢材、木材和水泥，最终必然会造成对大自然的过度索取。只有成本管理得较好的企业才有可能有相对的比较优势，成本管理不力的企业必将会被市场所淘汰。成本管理也不是片面地压缩成本，有些成本是不可缩减的，有些标准是不能降低的。特别强调的是，任何缩减的成本不能影响到建筑结构安全，也不能减弱社会责任。所谓的"成本管理"就是通过技术经济和信息化手段，优化设计、优化组合、优化管理，把浪费降至最低。成本管理是永恒的主题。

二、我国建筑工程成本控制管理现状

成本管理的过程是运用系统工程的原理对企业在生产经营过程中发生的各种耗费进行计算、调节和监督的过程，也是一个发现薄弱环节，挖掘内部潜力，寻找一切可能降低成本途径的过程。科学地组织实施成本控制，可以促进企业改善经营管理，转变经营机制，全面提高企业素质，使企业在市场竞争的环境下生存、发展和壮大。然而，工程成本控制一直是项目管理中的重点及难点，主要难点如下：

1. 数据量大。每一个施工阶段都牵涉大量材料、机械、工种、消耗和各种财务费用，人、材、机和资金消耗都要统计清楚，数据量巨大。面对如此巨大的工作量，随着工程进展，应付进度工作自顾不暇，过程成本分析、优化管理就只能搁在一边。

2. 牵涉部门和岗位众多。实际成本核算，传统情况下需要预算、材料、仓库、施工、财务多部门多岗位协同分析汇总数据，才能汇总出完整的某时点实际成本。某个或某几个部门不实行，整个工程成本汇总就难以做出。

3. 对应分解困难。材料、人工、机械甚至一笔款项往往用于多个成本项目，拆分分解对应好对专业的要求相当高，难度也非常高。

4. 消耗量和资金支付情况复杂。对于材料而言，部分进库之后并未付款，部分付款之后并未进库，还有出库之后未使用完以及使用了但并未出库等情况；对于人工而言，部分干活但并未付款，部分已付款并未干活，还有干完活仍未确定工价；机械周转材料租赁以及专业分包也有类似情况。情况如此复杂，成本项目和数据归集在没有一个强大的平台支撑情况下，不漏项做好三个维度（时间、空间、工序）的对应很困难。

中国经济在政府投资的拉动下急速发展，建筑业也随之腾飞，产生了260余家特级资质企业，年收入达到百亿以上。但是普遍来说管理存在做大但未做强的情况，企业盈利能力很低下，项目管理模式落后，风险控制和抵御能力差。施工企业长期通过关系竞争和压价来取得项目，导致企业内部核心竞争力的建设没有得到重视，这也造成了施工企业工程管理能力不强。而目前建设项目在成本控制不足上主要表现在以下几个方面：

1. 过程控制被轻视

传统的施工成本控制非常重视事后的成本核算，注重事后与业主方和分包商的讨价还价。对成本影响较大的事中和事前控制常常被忽略。管理人员在事前没有一个明确的控制目标，也对事中发生的情况无法进行科学全面的统计，导致对事中发生情况无法全面地了解。事前控制主要体现在决策阶段，决策阶段是对整个成本影响最大的阶段，除去几家比较大的业主方会在设计时十分强调限额设计，并严格执行以外，大部分的设计方案都是匆匆赶工出来，质量得不到保证，针对目前中国建筑业这种短时间无法改变的现状，事中控制的重要性更体现出来了，而这也是往往施工企业忽视的地方。

2. 预算方法落后

目前大部分的工程量、造价计算还是手算的方法，不仅计算效率低下而且计算数据不易保存，各项统计相当于又进行一次计算。手工计算往往会导致数据的丢失，如果丢失了，要么重新计算一遍，要么就只能拍脑袋估摸着定一个，这种情况也是预算数据不准的原因。并且在这种手算的情况中，实时数据的获取十分困难，只能每个里程碑事件进行一次成本计算，甚至有的项目只有预算和结算两个数据，当整个项目完成后一看结算才发现项目已经严重超支了，造成成本失控。这进一步造成了上述所说过程管控的困难。

3. 技术落后，返工严重

由于技术原因，目前施工过程存在大量的返工问题，其中包括施工技术不合格、设计院图纸有遗漏未发现、不同专业各自为政、不沟通等。大量的问题导致了工程项目的返工严重，返工不仅带来了材料、人工、进度损失，更可能留下安全隐患，带来质量成本的增加，这同样对成本控制造成了困难，无形中造成了大量的成本流失。

4. 质量成本和工期成本的增加

由于人工费的增加和对工期的要求越来越严格，在返工或者抢工期的施工时，成本的增加会大大超过正常施工情况。

三、BIM 技术成本管理优势

施工阶段成本控制的主要内容为材料控制、人工控制、机械控制、分包工程控制。成本控制的主要方法有净值分析法、线性回归法、指数平滑法、净值分析法、灰色预测法。在施工过程中最常用的是净值分析法。而后面基于 BIM 的成本控制的方法也是净值法。净值分析法是一种分析目标成本及进度与目标期望之间差异的方法，是一种通过差值比较差异的方法。它的独特之处在于对项目分析十分准确，能够对项目施工情况进行控制。通过收集并计算预计完成工作的预算费用（BCWS）、已完成工作的预算费用（BCWP）、已完成工作的实际费用（ACWP）的值，分析成本是否超支、进度是否滞后。如 CV=BCWP–ACWP<0，代表成本超支，SV=BCWP–BCWS<0，代表进度滞后。由于净值分析法较常见，这里就不具体论述了。

基于 BIM 技术的成本控制具有快速、准确、分析能力强等很多优势，具体表现为：

1. 快速

建立基于 BIM 的 5D 实际成本数据库，汇总分析能力大大加强，速度快，周期成本分析不再困难，工作量小、效率高。

2. 准确

成本数据动态维护，准确性大为提高，通过总量统计的方法，消除累积误差，成本数据随进度进展准确度越来越高；数据精度达到构件级，可以快速提供支撑项目各条线管理所需的数据信息，有效提升施工管理效率。

3. 精细

通过实际成本 BIM 模型，很容易检查出哪些项目还没有实际成本数据，监督各成本实时盘点，提供实际数据。

4. 分析能力强

可以多维度（时间、空间、WBS）汇总分析更多种类、更多统计分析条件的成本报表，直观地确定不同时间点的资金需求，模拟并优化资金筹措和使用分配，实现投资资金财务收益最大化。

5. 提升企业成本控制能力

将实际成本 BIM 模型通过互联网集中在企业总部服务器，企业总部成本部门、财务部门就可共享每个工程项目的实际成本数据，实现了总部与项目部的信息对称。

四、基于 BIM 技术的成本管理具体应用

如何提升成本控制能力？动态控制是项目管理中一种常见的管理方法，而动态控制其实就是按照一定的时间间隔将计划值和实际值进行对比，然后采取纠偏措施。而进行对比的这个过程中是需要大量的数据做支撑的，动态控制是否做得好，数据是关键，如何及时而准确地获得数据，并如何凭借简单的操作就能进行数据对比呢？现在 BIM 技术可以高效地解决这个问题。基于 BIM 技术，建立成本的 5D（3D 实体、时间、工序）关系数据库，以各 WBS 单位工程量、人机料单价为主要数据进入成本 BIM 中，能够快速实行多维度（时间、空间、WBS）成本分析，从而对项目成本进行动态控制。其解决方案操作方法如下：

1. 创建基于 BIM 的实际成本数据库。建立成本的 5D（3D 实体、时间、工序）关系数据库，让实际成本数据及时进入 5D 关系数据库，成本汇总、统计、拆分对应瞬间可得。以各 WBS 单位工程人才机单价为主要数据进入到实际成本 BIM 中。未有合同确定单价的

按预算价先进入，有实际成本数据后，及时按实际数据替换掉。

2.实际成本数据及时进入数据库。初始实际成本 BIM 中成本数据以采取合同价和消耗量为依据。随着进度进展，实际消耗量与定额消耗量会有差异，要及时调整。及时对实际消耗进行盘点，调整实际成本数据。化整为零，动态维护实际成本 BIM，并有利于保证数据准确性。

3.快速实行多维度（时间、空间、WBS）成本分析。建立实际成本 BIM 模型，周期性（月季）按时调整维护好该模型，统计分析工作就很轻松，软件强大的统计分析能力可满足各种成本分析需求。

下面将对 BIM 技术在工程项目成本控制中的应用进行介绍。

1.快速精确的成本核算

BIM 是一个强大的工程信息数据库。进行 BIM 建模所完成的模型包含二维图纸中所有位置、长度等信息，并包含了二维图纸中不包含的材料等信息，而这背后是强大的数据库支撑。因此，计算机通过识别模型中的不同构件及模型的几何物理信息（时间维度、空间维度等），对各种构件的数量进行汇总统计。这种基于 BIM 的算量方法，将算量工作大幅度简化，减少了人为原因造成的计算错误，大量节约了人的工作量和时间。有研究表明，工程量计算的时间在整个造价计算过程中占到了 50%~80%，而运用 BIM 算量方法会节约将近 90% 的时间，而误差也控制在 1% 的范围之内。

2.预算工程量动态查询与统计

工程预算存在定额计价和清单计价两种模式。自《建设工程工程量清单计价规范》发布以来，建设工程招投标过程中清单计价方法成为主流。在清单计价模式下，预算项目往往基于建筑构件进行资源的组织和计价，与建筑构件存在良好对应关系，满足 BIM 信息模型以三维数字技术为基础的特征，故而应用 BIM 技术进行预算工程量统计具有很大优势。使用 BIM 模型来取代图纸，直接生成所需材料的名称、数量和尺寸等信息，而且这些信息将始终与设计保持一致，在设计出现变更时，该变更将自动反映到所有相关的材料明细表中，造价工程师使用的所有构件信息也会随之变化。

在基本信息模型的基础上增加工程预算信息，即形成了具有资源和成本信息的预算信息模型。预算信息模型包括建筑构件的清单项目类型、工程量清单，人力、材料、机械定额和费率等信息。通过模型，就能识别模型中的工程量（如体积、面积、长度等）等信息，自动计算建筑构件的使用以指导实际材料物资的采购。

系统根据计划进度和实际进度信息，可以动态计算任意 WBS 节点任意时间段内每日计划工程量、计划工程量累计、每日实际工程量、实际工程量累计，帮助施工管理者实时掌握工程量的计划完工和实际完工情况。在分期结算过程中，每期实际工程量累计数据是结算的重要参考，系统动态计算实际工程量可以为施工阶段工程款结算提供数据支持。

另外，从 BIM 预算模型中提取相应部位的理论工程量，从进度模型中提取现场实际的人工、材料、机械工程量，通过将模型工程量、实际消耗、合同工程量进行短周期三量对比分析，能够及时掌握项目进展，快速发现并解决问题。根据分析结果为施工企业制订精确人、机、材计划，大大减少了资源、物流和仓储环节的浪费，及时掌握成本分布情况，进行动态成本管理。

3. 限额领料与进度款支付管理

限额领料制度一直很健全，但用于实际却难以实现，数据无依据，采购计划由采购员决定，项目经理只能凭感觉签字。领料数量无依据，用量上限无法控制是限额领料制度主要存在的问题。那么如何对材料的计划用量与实际用量进行分析对比呢？

BIM 的出现为限额领料提供了技术和数据支撑。基于 BIM 软件，在管理多专业和多系统数据时，能够采用系统分类和构件类型等方式对整个项目数据进行方便管理，为视图显示和材料统计提供规则。例如，给排水、电气、暖通专业可以根据设备的型号、外观及各种参数分别显示设备，方便计算材料用量。传统模式下工程进度款申请和支付结算工作较为烦琐，基于 BIM 能够快速准确地统计出各类构件的数量，减少预算的工作量，且能形象、快速地完成工程量拆分和重新汇总，为工程进度款结算工作提供技术支持。

4. 以施工预算控制人力资源和物质资源的消耗

在施工开工以前，利用 BIM 软件进行模型的建立，通过模型计算工程量，并按照企业定额或上级统一规定的施工预算，结合 BIM 模型，编制整个工程项目的施工预算，作为指导和管理施工的依据。对生产班组的任务安排，必须签收施工任务单和限额领料单，并向生产班组进行技术交底。要求生产班组根据实际完成的工程量和实耗人工、实耗材料做好原始记录，作为施工任务单和限额领料单结算的依据。任务完成后，根据回收的施工任务单和限额领料单进行结算，并按照结算内容支付报酬（包括奖金）。为了便于任务完成后进行施工任务单和限额领料单与施工预算的对比，要求在编制施工预算时对每一个分项工程工序名称进行编号，以便对号检索对比，分析节超。

5. 设计优化与变更成本管理、造价信息实施追踪

BIM 模型依靠强大的工程信息数据库，实现了二维施工图与材料、造价等各模块的有效整合与关联变动，使得实际变更和材料价格变动可以在 BIM 模型中实时更新。变更各环节之间的时间被缩短，效率提高，更加及时准确地将数据提交给工程各参与方，以便各方做出有效的应对和调整。目前 BIM 的建造模拟职能已经发展到了 5D 维度。5D 模型集三维建筑模型、施工组织方案、成本及造价等三部分于一体，能实现对成本费用的实时模拟和核算，并为后续建设阶段的管理工作所利用，解决了阶段割裂和专业割裂的问题。BIM 通过信息化的终端和 BIM 数据后台将整个工程的造价相关信息顺畅地流通起来，从企业级的管理人员到每个数据的提供者都可以监测，保证了各种信息数据及时准确地调用、查询、核对。

第九节　绿色施工管理分析

我国在颁布实施了《绿色施工导则》，指出绿色施工是在传统的施工中贯彻"四节一环保"的新型施工理念，充分体现了绿色施工的可持续发展思想。然而我国绿色施工研究起步较晚，发展不成熟，尤其是经济效果不明显，阻碍了建筑工程绿色施工的发展，因此有必要从根本上对建筑工程绿色施工的成本分析及控制进行研究，在满足绿色施工要求的前提下尽可能节约成本，提高施工企业进行绿色施工的积极性。

可持续性发展战略的推行体现在建筑工程行业施工建设的全过程当中，当前企业主要重视工程建设项目的决策投资与设计规划阶段的可持续新技术的使用，例如最近几年讨论比较频繁的绿色建筑、环保设计、生态城市与绿色建材等。而建设工程的施工过程不仅是其设计、策划的实施阶段，更是一个大范围的消耗自然资源、影响自然生态环境的过程。建筑的全生命周期应当包括前期的规划、设计，建筑原材料的获取，建筑材料的制造、运输和安装，建筑系统的建造、运行、维护以及最后的拆除等全过程。所以，要在建筑的全生命周期内实行绿色理念，不仅要在规划设计阶段应用BIM技术，还要在节地、节水、节材、节能及施工管理、运营维护管理方面深入应用BIM，不断推进整体行业向绿色方向行进。

一、绿色施工的概念

绿色施工是指在建筑工程的建造过程中，质量合格与安全性能达标要求前提下，通过科学合理地组织并利用进步技术，很大程度地节省能源和降低施工过程对环境的负面影响，实现"四节一环保"。绿色施工核心也是最大限度地节约资源的施工活动，绿色施工的地位是实现建筑领域资源节约的关键环节，绿色施工是以节能、节地、节水、节材和爱护环境为目标的。绿色施工是建筑物在整个生命周期内比较重要的一个阶段，也是实现建筑工程节约能源资源和减少废弃物排放的一个较为关键的环节。推行绿色施工，在执行与贯彻政府产业和协会中相关的技能经济策略时，要根据具体情况因时制宜的原则来操控实施。绿色施工是可持续的发展理念在整个建筑工程施工过程中的全面应用和体现，它关乎可持续性发展的方方面面，比如自然环境和生态状况的保护、能源和资源的有效利用、经济与地区的发展等内容，包含着不同的含义。而绿色施工技术的目标本来就是节约能源和资源，保护环境与土地等方面，其本身就具有非常重要的现实和实践意义。在施工过程中争取做到不扰民众、不产生吵闹、不污染当地环境，这是绿色施工的主要要求，同时还要强化工地施工的管理、保证正常生产、标准化与文明化的作业，保证建设场地的环境，尽可能减少工地施工过程给当地群众带来的不利影响，保护周边场地的环境卫生。

二、绿色施工遵循的原则及影响因素

绿色施工牵涉诸如削减固化性生产循环使用资源的多重利用净洁生产、爱护环境等许多能够持续性进步的方面。正因如此，在具体施行绿色施工的过程中要遵照一定的标准，比如降低对环境的污染、减少对现场的扰动、保证工程的建设质量、节约能源和资源、运用科学的管理方法等。贯彻遵行国家、行业与地方企事业单位的标准和相关政策方案，施行绿色施工的过程中，还需要注意因地制宜的原则。绿色施工是可持续理念在建造工程中的全面体现，不仅仅指做到封闭施工、减少尘土，不扰民不产生噪声，多种花木与绿化。这些内容更是对生态环境的保护、能源和资源的利用及地方社会经济风情的各方面权衡。在推行绿色施工过程中只要能够遵循好上述几大原则，一定会取得期望的目标成果。

一般来讲，建筑工程绿色施工成本控制的影响因素比制造业产品成本控制的影响因素更多、更复杂。首先，建筑工程绿色施工成本受到劳动力价格、材料价格和通货膨胀率等宏观经济的影响；其次，受到设计参数、业主的诚信等工程自身条件的影响；再次，受到绿色施工方法、工程质量监管力度等成本管理组织的影响；最后，还受到施工天气、施工所处的环境和意外事故等不确定因素的影响。绿色施工成本的影响因素如此之多，正确把握施工成本的影响因素对成本控制具有指导性意义。对绿色施工进行成本控制时，找出可控与不可控因素，重点针对可控因素进行控制管理。

1. 可控因素

在影响建筑工程绿色施工成本的可控因素中，首要的是人的因素，因为人是工程项目建设的主体，建筑施工企业自身的管理水平及内部操作人员对绿色施工的认识程度是影响建筑工程绿色施工成本的主要可控因素。包括所有参加工程项目施工的工作人员，如工程技术人员、施工人员等。人员自身认识及能力有限，不容易真正做到绿色施工，甚至为日后总成本的增加留下隐患。其次是设计阶段的因素，设计水平影响着绿色材料的选择，绿色施工材料价格的差异对成本也会产生较大影响。再次，施工技术是核心影响因素，特别是建筑工程的绿色施工，需要编制很多有针对性的专项施工方案，合理的施工组织设计的编制能够有效降低成本。此外，安全文明施工也是一个重要的但是容易被忽视的影响因素，往往只流于形式，而安全事故的发生会直接导致巨大的经济损失，安全保障措施的好坏对施工人员的工作效率有重要影响，从而间接影响着施工成本。此外，资金的使用也是影响施工成本的关键因素，流畅的资金周转是降低总成本的有效方法，资金的投入要恰到好处。总之，需要关注每一个影响因素，任何变动都可能会引起连锁反应。

2. 不可控因素

对建筑工程绿色施工来说，最主要的不可控因素包括宏观经济政策和施工合同的变更。国家相关税率的调整、市场上绿色施工材料价格的变动等都会直接或间接地影响施工成本；工程设计变更、施工方法变化、工程量的调整等施工特点决定了施工合同变更的客观性，带来施工成本的变化。另外还有一些其他因素，比如意外事故、突发特大暴雨等也会导致工期的延误，导致成本增加。不可控因素具有不可预测性，但是利用科学方法和实践经验相结合的手段对不可控因素进行识别与处理，也能预测不可控因素可能导致的种种结果，积极预设应对方案，可有效降低不可控因素对成本的影响。

三、我国绿色施工当前存在的问题

从当前建筑工程施工的实际情况来看，大多数绿色施工只是参照了一些与清洁生产相关的法规要求实施，建筑施工单位通常是为了应付政府的监督而采取一些表面措施，不能自主地、积极地采取措施进行真正的绿色施工。从成本角度分析，绿色施工与传统施工主要在目标控制上存在差异，绿色施工除了质量、工期、安全和成本控制的目标之外，还要把"环境保护和资源利用目标"作为主要控制标准。因为控制目标的增加，施工企业成本往往也会随之增加，而且，与环境保护相关的工作要求越多、越严格，施工项目部所面临的赤字压力就会越大，我国处于发展时期，无论是从人民认知、经济力量还是技术层面，都无法很好地保障绿色施工的推广实施，主要体现在以下几点：

1. 意识问题

目前绿色施工未完全普及，建筑工程项目参与各方对绿色施工的认识程度不够，绝大多数人不能充分理解绿色施工的理念，不能将绿色施工很好地融入建设项目中。对施工单位来说，经济效益是首要目的，而绿色施工往往意味着成本的增加，因此施工单位不会主动去采用绿色施工；对人民群众而言，不能自觉建立起保护环境和生态资源的公众参与意识；对政府来说，由于条件有限，还不能把建筑节能和绿色施工放到日常的监督和管理过程中。

2. 国家政策问题

我国虽然出台了一系列政策力求推进绿色施工的发展，但是还不完善，没有一套完整的政策体系，包括社会政策、技术政策及经济政策等，不仅使绿色施工管理的难度加大，部分建筑企业甚至钻法律的空子，扰乱建设市场的秩序。另外，绿色施工涉及的范围较广泛，但是没有明确的相关负责机构和管理部门，使得政策的实施缺乏有力保障。

3. 缺乏完善的理论体系

绿色施工本身就缺乏专门的理论体系，目前，我国虽然颁布了《绿色施工导则》，对绿色施工有一定的引导性，但是一项完善的理论体系必须包括评估体系，我国的绿色奥运评估体系及《绿色建筑评价标准》，都是针对建筑而言，对施工过程还没有建立完整的评价体系，使得建筑工程绿色施工的推广较为艰难。

4. 支撑技术不完善

绿色施工涉及各个方面，从施工管理、施工工艺到施工材料都需要强有力的保障体系，因此需要各行各业的积极投入研究，无论对施工人员还是管理者而言，都需要加强自身的知识能力，以便在施工过程中选择最佳方案来达到"四节一环保"的效果。与此同时，材料行业需要积极研发高效环保的建筑材料，当绿色建筑材料大量普及应用的时候，绿色施工才能达到全面发展时期。

5. 经济效益问题

从市场经济的角度来观察，追求经济效益最大化的建筑工程承包商通常不会考虑对环境的破坏问题，只会以最少的成本实现最大化的利润值，而绿色施工往往和增加成本相联系，因此承包商不会主动采取绿色施工，在国家推行过程中，甚至会抵触。同样的道理，在我国处于发展中国家这一时期，与可持续发展相关的清洁生产、节能环保新措施，都因为成本的增加而不能普及应用，可见经济效益是最为严重的一个阻碍因素。

综上所述，我国的绿色施工发展还不理想，建设行业参与者的环保、节能意识急需提升；支撑绿色施工有效开展的相关法规政策急需推出；独立完整的绿色施工评价体系急需建立；与先进国家的交流合作急需展开。最重要的是，目前需要采取有效的措施来提高绿色施工的经济效益，才能从根本上为绿色施工的推广提供有力保障。

四、基于 BIM 技术的绿色施工管理

下面将介绍以绿色为目的、以 BIM 技术为手段的施工阶段节地、节水、节材、节能管理。

1. 节地与室外环境

节地不仅仅是施工用地的合理利用，建设计前期的场地分析、运营管理中的空间管理也同样包含在内。BIM 在施工节地中的主要应用内容有场地分析、土方量计算、施工用地管理及空间建设用地管理等，下面将分别进行介绍。

（1）场地分析

场地分析是研究影响建筑物定位的主要因素，是确定建筑物的空间方位和外观、建立建筑物与周围景观联系的过程。BIM 结合地理信息系统（Geographic Information System，简称 GIS），对现场及拟建的建筑物空间数据进行建模分析，结合场地使用条件和特点，做出最理想的现场规划、交通流线组织关系。利用计算机可分出不同坡度的分布及场地坡向，建设地域发生自然灾害的可能性，区分适宜建设与不宜建设区域，对前期场地设计可起到至关重要的作用。

（2）土方量计算

利用场地合并模型，在三维中直观查看场地挖填方情况，对比原始地形图与规划地形图得出各区块原始平均高程、设计高程、平均开挖高程。然后计算出各区块挖、填土方量。

（3）施工用地管理

建筑施工是一个高度动态的过程，随着建筑工程规模不断扩大，复杂程度不断提高，使得施工项目管理变得极为复杂。施工用地、材料加工区、堆场也随着工程进度的变换而调整。BIM 的 4D 施工模拟技术可以在项目建造过程中合理制订施工计划、精确掌握施工

进度，优化使用施工资源以及科学地进行场地布置。

2. 节水与水资源利用

在施工过程中，水的用量是巨大的，混凝土的浇筑、搅拌、养护都要用到大量的水，机器的清洗也需要用水。一些施工单位由于在施工过程中没有计划，肆意用水，往往造成水资源的大量浪费，不仅浪费了资源，也会因此受到处罚。所以，在施工中节约用水是势在必行的。

BIM技术在节水方面的应用体现在协助土方量的计算，模拟土地沉降、场地排水设计，以及分析建筑的消防作业面，设置最经济合理的消防器材。设计规划每层排水地漏位置、雨水等非传统水源收集，循环利用。

利用BIM技术，可以对施工过程中用水过程进行模拟，比如处于基坑降水阶段、肥槽未回填时，采用地下水作为混凝土养护用水。使用地下水作为喷洒现场降尘和混凝土罐车冲洗用水。也可以模拟施工现场情况，根据施工现场情况，编制详细的施工现场临时用水方案，使施工现场供水管网根据用水量设计布置，采用合理的管径、简捷的管路，有效地减少管网和用水器具的漏损。例如，在工程施工阶段基于BIM技术对现场雨水收集系统进行模拟，根据BIM场地模型，合理设置排水沟，将场地分区进行放坡硬化，避免场内积水，并最大化收集雨水，存于积水坑内，供洗车系统等循环使用。

3. 节材与材料资源利用

基于BIM技术，重点从钢材、混凝土、木材、模板、围护材料、装饰装修材料及生活办公用品材料七个主要方面进行施工节材与材料资源利用控制。通过5D-BIM安排材料采购的合理化，建筑垃圾减量化，可循环材料的多次利用化，钢筋配料、钢构件下料以及安装工程的预留、预埋，管线路径的优化等措施；同时根据设计的要求，结合施工模拟，达到节约材料的目的。BIM在施工节材中的主要应用内容有管线综合设计、复杂工程预拼装、物料跟踪等，下面将分别进行介绍。

（1）管线综合

目前功能复杂、大体量的建筑、摩天大楼等机电管网错综复杂，在大量的设计面前很容易出现管网交错、相撞及施工不合理等问题，以往人工检查图纸比较单一，不能同时检测平面和剖面的位置。BIM软件中的管网检测功能为工程师解决这个问题。检测功能可生成管网三维模型，并基于建筑模型中。系统可自动检查出"碰撞"部位并标注，这样使得大量的检查工作变得简单。空间净高是与管线综合相关的一部分检测工作，基于BIM信息模型对建筑内不同功能区域的设计高度进行分析，查找不符合设计规划的缺失，将情况反馈给施工人员，以此提高工作效率，避免错、漏、碰、缺的出现，减少原材料的浪费。

（2）复杂工程预加工预拼装

复杂的建筑形体如曲面幕墙及复杂钢结构的安装是难点，尤其是复杂曲面幕墙，由于组成筋墙的每一块玻璃面板形状都有差异，给幕墙的安装带来一定困难。BIM技术最拿手的是复杂形体设计及建造应用，可针对复杂形体进行数据整合和验证，使得多维曲面的设计得以实现。工程师可利用计算机对复杂的建筑形体进行拆分，拆分后利用三维信息模型进行解析，在电脑中进行预拼装，分成网格块编号，进行模块设计，然后送至工厂按模块加工，再送到现场拼装即可。同时数字模型也可提供大量建筑信息，包括曲面面积统计、经济形体设计及成本估算等。

（3）基于物联网物资追溯管理

随着建筑行业标准化、工厂化、数字化水平的提升，以及建筑使用设备复杂性的提高，越来越多的建筑及设备构件通过工厂加工并运送到施工现场进行高效的组装。根据 BIM 得出的进度计划，提前计算出合理的物料进场数目。

4. 节能与能源利用

以 BIM 技术推进绿色施工，节约能源，降低资源消耗和浪费，减少污染是建筑发展的方向和目的。节能在绿色环保方面具体有两种体现。一是帮助建筑形成资源的循环使用，这包括水能循环、风能流动、自然光能的照射，科学地根据不同功能、朝向和位置选择最适合的构造形式。二是实现建筑自身的减排，构建时，以信息化手段减少工程建设周期，运营时，不仅能够满足使用需求，还能保证最低的资源消耗。

在方案论证阶段，项目投资方可以使用 BIM 来评估设计方案的布局、视野、照明、安全、人体工程学、声学、纹理、色彩及规范的执行情况。BIM 甚至可以做到建筑局部的细节推敲，迅速分析设计施工中可能需要应对的问题。BIM 包含建筑几何形体的很多专业信息，其中也包括许多用于执行生态设计分析的信息，能够很好地将建筑设计和生态设计紧密联系在一起，设计将不单单是体量、材质、颜色等，也是动态的、有机的。相关软件提供了许多即时性分析功能，如光照、日光阴影、太阳辐射、遮阳、热舒适度、可视度分析等，而得到的分析结果往往是实时的、可视化的，很适合建筑师在设计前期把握建筑的各项性能。

建筑系统分析是对照业主使用需求及设计规定来衡量建筑物性能的过程，包括机械系统如何操作和建筑物能耗分析、内外部气流模拟、照明分析、人流分析等涉及建筑物性能的评估。BIM 结合专业的建筑物系统分析软件避免了重复建立模型和采集系统参数。通过 BIM 可以验证建筑物是否按照特定的设计规定和可持续标准建造，通过这些分析模拟，最终确定、修改系统参数甚至系统改造计划，以提高整个建筑的性能。

5. 减排措施

利用 BIM 技术可以对施工场地废弃物的排放、放置进行模拟，以达到减排的目的，具体方法如下：

（1）用 BIM 模型编制专项方案，对工地的废水、废气、废渣的三废排放进行识别、评价和控制，安排专人、专项经费，制定专项措施，减少工地现场的三废排放。

（2）根据 BIM 模型对施工区域的施工废水设置沉淀池，进行沉淀处理后重复使用或合规排放，对泥浆及其他不能简单处理的废水集中交由专业单位处理。在生活区设置隔油池、化粪池，对生活区的废水进行收集和清理。

（3）禁止在施工现场焚烧垃圾，使用密目式安全网、定期浇水等措施减少施工现场的扬尘。

（4）利用BIM模型合理安排噪声源的放置位置及使用时间，采用有效的噪声防护措施，减少噪声排放，并满足施工场界环境噪声排放标准的限制要求。

（5）生活区垃圾按照有机、无机分类收集，与垃圾站签订合同，按时收集垃圾。

结　语

　　建筑业作为我国国民经济发展的支柱产业之一，长期以来为国民经济的发展做出了突出的贡献。特别是进入 21 世纪以后，建筑业发生了巨大的变化，我国的建筑施工技术水平跻身于世界先进行列，在解决重大项目的科研攻关中得到了长足的发展，我国的建筑施工企业已成为发展经济、建设国家的一支重要的有生力量。

　　建筑设计是指建筑物在建造之前，设计者按照建设任务，把施工过程和使用过程中所存在的或可能发生的问题，事先做好通盘的设想，拟定好解决这些问题的办法、方案，用图纸和文件表达出来，作为备料、施工组织，以及各种在制作、建造工作中互相配合协作的共同依据。建筑设计使整个工程得以在预定的投资限额范围内，按照周密考虑的预定方案顺利进行，并使建成的建筑物充分满足使用者和社会所期望的各种要求及用途。

　　现代建筑工程施工管理是一项较为系统且复杂的工作，由于影响因素相对较多，施工管理难度较大。虽然大部分建筑施工企业逐渐开始重视施工管理，但由于管理水平不高，使得管理过程中权责的划分不够明确，施工管理形同虚设。因此，提高施工管理水平，对于企业而言有着十分重要的现实意义。

参考文献

[1] 刘伯江, 李泽兰, 于海滨等. 加强建筑工程结构设计和施工管理的措施分析 [J]. 工程建设与设计,2021(21).

[2] 许林. BIM 技术在建筑工程施工设计及管理中的应用 [J]. 居舍,2021(30).

[3] 李彤, 李永福. BIM 在建筑设计施工管理一体化中的应用与展望 [J]. 房地产世界,2021(15).

[4] 王雷. 建筑施工组织设计的优化与管理 [J]. 居舍,2021(22).

[5] 鲍立平. 浅谈建筑智能化系统设计与施工管理 [J]. 江西建材,2021(07).

[6] 周翔. 建筑工程中深基坑支护设计与施工的协调管理分析 [J]. 砖瓦,2021(07).

[7] 米丽梅. BIM 技术在建筑工程施工设计及管理中的应用 [J]. 山西建筑,2021,47(12).

[8] 张金林. 建筑给水排水设计及施工技术质量管理探讨 [J]. 砖瓦,2021(06).

[9] 何极. YL 建筑工程项目成本管理改进研究 [D]. 大连理工大学,2021.

[10] 潘洪柱. 装配式建筑设计与施工管理中的 BIM 应用研究 [J]. 中国住宅设施,2021(05).

[11] 黄加福. 加强建筑工程结构设计和施工管理的研究 [J]. 江西建材,2021(05).

[12] 戴小东. BIM 技术在建筑设计、项目施工及管理中的应用 [J]. 砖瓦,2021(05).

[13] 张彦彪. BIM 技术在建筑设计、项目施工及管理中的应用分析 [J]. 中国建筑金属结构,2021(04).

[14] 纪飞. BIM 技术在我国建筑设计施工管理一体化中的应用与前景 [J]. 散装水泥,2021(02).

[15] 叶小剑. 加强建筑工程结构设计与施工管理的策略分析 [J]. 散装水泥,2021(02).

[16] 张志得, 冷自洋, 苏亚辉. 建筑施工智能化监测预警管理系统的设计与实现 [J]. 制造业自动化,2021,43(02).

[17] 山西省人民政府办公厅关于印发山西省农村集体建设用地房屋建筑设计施工监理管理服务办法 (试行) 的通知 [J]. 山西省人民政府公报,2021(01).

[18] 韩绍青. 建筑施工企业项目管理人员绩效考核体系设计 [J]. 财经界,2021(03).

[19] 郑清华. 基于数据包络分析的建筑施工资料管理系统设计 [J]. 长春工程学院学报 (自然科学版),2020,21(04).

[20] 董春盈. 装配式建筑设计与施工管理中的 BIM 应用研究 [J]. 中国勘察设计,2020(11).

[21] (瑞士) 简·安德森. 建筑设计 [M]. 梁晶晶, 杜锐, 郭宜章, 等, 译. 北京: 中国

青年出版社，2015.

[22] 刘晓平 . 建筑设计实践导论 [M]. 沈阳：辽宁科学技术出版社，2017.

[23] 曹茂庆 . 建筑设计构思与表达 [M]. 北京：中国建材工业出版社，2017.

[24] 陈文建，季秋媛 . 建筑设计与构造 [M]. 北京：北京理工大学出版社，2019.

[25] 二级建造师执业资格考试命题研究组 . 建筑工程施工管理 [M]. 成都：电子科技大学出版社，2017.

[26] 楚仲国，王全杰，王广斌 .BIM5D 施工管理实训 [M]. 重庆：重庆大学出版社，2017.

[27] 胡成海 . 建设工程施工管理 [M]. 北京：中国言实出版社，2017.

[28] 湖南省土木建筑学会，杨承恕，陈浩 . 绿色建筑施工与管理 2018 版 [M]. 北京：中国建材工业出版社，2018.

[29] 环球网校建造师考试研究院 . 建设工程施工管理 [M]. 北京：北京理工大学出版社，2016.